滑坡演化的地质过程分析及其应用

王延涛　孙光吉　刘亚川　编著

北　京
冶　金　工　业　出　版　社
2014

内 容 提 要

本书以秦峪滑坡群为例，介绍了该区的地质构造背景、滑坡形态和结构，对其进行了地质过程分析和数值模拟计算，预测了滑坡演化的趋势，并提出了公路选线的优化方案。

本书可供地质、水利、公路、铁路等相关科研院所和高等院校从事工程地质专业的技术人员及师生参考使用。

图书在版编目(CIP)数据

滑坡演化的地质过程分析及其应用/王延涛，孙光吉，刘亚川编著．—北京：冶金工业出版社，2013.8（2014.5 重印）

ISBN 978-7-5024-6337-3

Ⅰ.①滑…　Ⅱ.①王…　②孙…　③刘…　Ⅲ.①滑坡—地质灾害—研究　Ⅳ.①P642.22

中国版本图书馆 CIP 数据核字(2013)第 178689 号

出 版 人　谭学余

地　　址　北京北河沿大街嵩祝院北巷 39 号，邮编 100009

电　　话　(010)64027926　电子信箱　yjcbs@cnmip.com.cn

责任编辑　徐银河　美术编辑　杨　帆　版式设计　孙跃红

责任校对　郑　娟　责任印制　李玉山

ISBN 978-7-5024-6337-3

冶金工业出版社出版发行；各地新华书店经销；北京百善印刷厂印刷

2013 年 8 月第 1 版，2014 年 5 月第 2 次印刷

148mm×210mm；5.5 印张；164 千字；168 页

25.00 元

冶金工业出版社投稿电话：(010)64027932　投稿信箱：tougao@cnmip.com.cn

冶金工业出版社发行部　电话：(010) 64044283　传真：(010)64027893

冶金书店　地址：北京东四西大街 46 号(100010)　电话：(010)65289081(兼传真)

（本书如有印装质量问题，本社发行部负责退换）

前　言

国道 G212 是连接我国西北与西南地区的重要通道，滑坡泥石流成为该国道的最大威胁。对滑坡严重发育的秦峪滑坡群段进行的研究程度直接关系到秦峪滑坡群段兰海高速公路的选线及 G212 的改造。由于滑坡是一个系统，而演化是一个过程，研究滑坡的演化应从系统全过程动态演化着手。基于地球系统科学原理，立足于现场调研，结合各种测试手段和计算分析，对秦峪滑坡开展系统研究，从全过程及内部作用机理上掌握秦峪滑坡变形破坏的演变规律，才可以对滑坡稳定性现状及今后的发展趋势作出科学合理的评价和预测。

本书结合了作者在水利、公路及铁路行业从事工程地质选线、勘查和配合施工中的总结与思考，强调地质背景的认知决定着工程绕避不良地质的方案及对不良地质的工程措施，须改变在工程领域中普遍存在的“重工程、轻地质”的现象。本书是依托交通部西部交通科技项目“国道 212 公路（兰州-重庆）陇南段修建技术研究——滑坡运动机理及设计参数研究”的成果，在收集和整理相关资料的基础上，对区域地质环境开展区域性调查，通过比例尺工程地质测绘、工程地质勘查（钻探、坑槽探、地球物理勘探等）及室内试验研究，对秦峪滑坡群展开详细研究，基本查明了秦峪滑坡群各滑坡的发育规律及结构特征，并将其归纳、编著成书的。

本书将宏观的地质背景分析和滑坡群地质过程分析结合，并应用到工程实践中，对水利跨流域引水、铁路公路山区选线等具有参考和借鉴价值。

由于作者水平所限，书中存在不足之处，敬请广大专家和读者批评指正。

作　者
2013年4月

目　　录

1　概述 ······ 1

1.1　滑坡的概念 ······ 1
1.2　滑坡机理 ······ 2
1.2.1　斜坡演化机理 ······ 2
1.2.2　滑坡演化机理 ······ 3
1.3　滑坡研究现状 ······ 5
1.3.1　国外滑坡研究 ······ 5
1.3.2　国内滑坡研究 ······ 6
1.4　公路选线研究现状 ······ 11
1.5　滑坡演化地质过程分析 ······ 12
1.5.1　滑坡演化地质过程分析的研究内容 ······ 14
1.5.2　滑坡演化地质过程分析思路 ······ 16

2　地质环境背景 ······ 18

2.1　大地构造背景 ······ 18
2.2　地层岩性 ······ 19
2.2.1　古-中生界浅变质碎屑岩—碳酸盐岩沉积岩地层 ······ 19
2.2.2　第四系各种成因的松散堆积地层 ······ 19
2.3　地质构造 ······ 24
2.3.1　主要的构造形迹及其特征 ······ 24
2.3.2　地质构造演化 ······ 28
2.3.3　古构造应力场时空演化分析 ······ 29
2.4　新构造运动与地形地貌 ······ 31
2.4.1　新构造运动 ······ 31
2.4.2　地形地貌 ······ 35

2.5 水文、气象、植被 …… 35
2.5.1 流域特征 …… 35
2.5.2 降雨 …… 36
2.5.3 气候 …… 36
2.5.4 植被 …… 37

3 秦峪滑坡群概况 …… 38

3.1 地质环境 …… 39
3.1.1 地层岩性 …… 39
3.1.2 地质构造 …… 46
3.1.3 地形地貌 …… 49
3.2 基本特征 …… 51
3.2.1 大峪下滑坡 …… 51
3.2.2 大峪上滑坡 …… 52
3.2.3 秦峪滑坡 …… 55
3.3 形成条件及影响因素 …… 56
3.3.1 地层岩性 …… 57
3.3.2 地质构造 …… 58
3.3.3 外动力作用 …… 59
3.3.4 其他外因 …… 59

4 秦峪滑坡群形态及结构特征 …… 61

4.1 秦峪滑坡 …… 61
4.1.1 总体特征 …… 61
4.1.2 分区与分级 …… 61
4.1.3 物质组成与坡体结构 …… 66
4.1.4 地貌特征 …… 69
4.1.5 地下水 …… 70
4.2 秦峪滑坡 C_1 区 …… 70
4.2.1 物质组成和坡体结构 …… 71
4.2.2 物理力学性质 …… 75

4.2.3 微地貌特征 …… 77
4.2.4 地下水与植被 …… 83

5 滑坡地质过程分析 …… 84

5.1 概述 …… 84
5.2 河谷地貌演化 …… 86
5.3 滑坡的演化过程 …… 87
5.3.1 宗属与时序关系 …… 87
5.3.2 第一阶段——A 区的形成 …… 89
5.3.3 第二阶段——B 区的形成 …… 93
5.3.4 第三阶段——古滑坡复活 …… 97
5.3.5 第四阶段——滑坡的解体 …… 103
5.4 滑坡演化过程的预测 …… 110

6 C_1 区滑坡地质过程数值模拟 …… 112

6.1 概述 …… 112
6.2 形成机制的概念模型 …… 113
6.3 计算模型的建立 …… 116
6.3.1 地质结构模型 …… 116
6.3.2 边界条件 …… 118
6.3.3 物理力学参数 …… 118
6.3.4 网格划分 …… 118
6.4 数值模拟分析 …… 118
6.4.1 有限元法（FEM） …… 118
6.4.2 拉格朗日差分法（FLAC） …… 127
6.4.3 小结 …… 138
6.5 发展演化趋势分析 …… 138

7 滑坡稳定性评价与演化趋势预测 …… 140

7.1 秦峪滑坡的稳定性分析 …… 140
7.1.1 工程地质分析 …… 140

7.1.2 秦峪滑坡 C_1 区数值计算 …… 144
7.1.3 秦峪滑坡 C_1 区极限平衡计算 …… 145
7.1.4 稳定性分析小结 …… 146
7.2 滑坡演化趋势预测 …… 147
7.2.1 工程地质分析预测 …… 147
7.2.2 地质过程分析预测 …… 148
7.2.3 秦峪滑坡 C_1 区演化趋势预测 …… 148

8 工程地质选线与方案优化 …… 150

8.1 公路选线概况 …… 150
8.1.1 公路选线步骤 …… 150
8.1.2 公路选线原则 …… 151
8.1.3 原则性的方案比选 …… 152
8.2 滑坡段工程地质选线 …… 153
8.3 秦峪滑坡群段选线方案与优化 …… 155
8.3.1 滑坡体通过方案 …… 155
8.3.2 右岸隧道绕避方案 …… 156
8.3.3 其他方案 …… 158
8.3.4 方案优化及建议 …… 159

9 滑坡演化地质过程分析的总结和展望 …… 161

9.1 秦峪滑坡地质过程分析总结 …… 161
9.2 滑坡演化地质过程分析的展望 …… 163

参考文献 …… 165

1 概　述

滑坡是山体变形中数量多、规模大、危害严重、性质比较复杂而又具有一定规律性的自然地质灾害。滑坡产生于特定的地质环境，是以重力为主的地质营力作用下或在人类工程活动影响下发生、发展的斜坡变形活动。滑坡产生后将在地表形成环状后壁、台阶、垄状前缘等特定的滑坡构造形迹和滑坡地貌。滑坡也是斜坡地貌演变的一种动力表现，它具有独特的地貌特征和发育演变过程，在不同的发育阶段又有不同的外貌和构造形迹。滑坡的发育过程受滑坡区的地层岩性和岩体格架的控制。

1.1 滑坡的概念

滑坡在国外文献中所指的含义是与国内不完全相同的。日本称为“地すべり”（地ヌべり），苏联和东欧一些国家称为“Опопэнь”，这些国家滑坡的含义基本上与我国的一致，即指斜坡上的土体（岩体）沿其下部的软弱面向下方滑动的现象。欧美用“Landslide”或“Slip”一词的国家，则是指除泥石流之外的所有斜坡变形现象，类似于我国经常使用的名词“塌方”。

滑坡是斜坡岩土体沿着贯通的剪切破坏面所发生的滑移地质现象。滑坡的机制是某一滑移面上剪应力超过了该面的抗剪强度所致。

滑坡作为最典型的地质灾害之一，其防治和保护是一个涉及学科范围广、影响因素复杂且具有高度不确定性的课题，要对滑坡发生的可能性作出合理的评价和科学的预测，并提出科学、经济、合理的处理措施，至今尚未得到很好的解决。尽管，人类自有工程活动以来就从未放弃对滑坡问题的研究和探索，对滑坡地质灾害的研究，走过了从封闭到半开放、再到开放，从确定性到随机性、再到混沌性，从线性到非线性的历程。先后将传统静力学、近代岩体力学、现代数理力学及非线性科学理论引入应用，对灾害发生机制、评价预测及其发生的可能性进行了有效的控制与治理。但必须承认的事实是，滑坡地质灾害的评价、预测没有得到根本解决，仍面临着极高的地质灾害风险。

1.2 滑坡机理

滑坡机理是滑坡预测预报和防治的理论基础，国内外学者从不同学科出发做过不少研究，特别是地质学家、土力学家和滑坡防治专家提出过许多假说和见解，对滑坡形成的条件和作用因素、滑坡的受力状态、滑带土的强度变化规律、滑坡的破坏模式及发育阶段等与滑坡机理有关的问题进行了多方面较深入的研究。因此，滑坡机理的研究一直都受到高度重视。

1.2.1 斜坡演化机理

滑坡是斜坡变形破坏的一种形式，而且是在一定因素作用下且具有一定地质条件的斜坡变形破坏才形成滑坡。如 1978 年，D. J. Varnes 根据斜坡岩土体的运动类型，将斜坡变形破坏分为崩塌、倾倒、滑坡、侧向扩展、流动及其复合类型。

滑坡是斜坡演化过程中的一个阶段，所以对其形成以前的斜坡变形研究显得较为重要。自 1979 年谷德振提出“岩体工程地质力学”以来，在斜坡变形机理方面，非常注重岩体结构和时间效应及其对边坡演化机理的作用。如 1981 年张倬元等提出斜坡岩体稳定性的工程地质分析原理并提出斜坡变形破坏的 5 种模式（蠕滑-拉裂、滑移-压致拉裂、滑移-弯曲、弯曲-拉裂、塑流-拉裂）；1981 年刘汉超等对我国著名的龙羊峡水库斜坡和滑坡进行了研究，并首次提出了滑坡床面的累进性破坏与贯通的机理。1982 年罗国煜等提出斜坡“优势面”概念；1983 年孙玉科等根据研究，提出我国岩质斜坡变形破坏的主要地质模型，即金川模型、盐池模型、葛洲坝模型、白灰厂模型、塘岩光模型；1984 年孙广忠在谷德振研究的基础上，提出岩体结构控制论。1993 年刘广润、徐开祥根据斜坡变形动力成因，提出了天然动力与人为动力条件下的斜坡变形破坏机制。中国科学院工程地质力学开放实验室和成都理工大学等在对五强溪、李家峡、金川镍矿、三峡的高边坡研究中，在山体岩体质量评价、三维结构数学模型及其数值分析和岩体断裂力学方面取得了进展。

1.2.2 滑坡演化机理

1.2.2.1 滑坡运动的内在物理本质

1950 年，K. Terzaghi 作为滑坡机理研究的开拓者，从土力学方面，根据滑带土孔隙水压力的变化来揭示滑坡的机理，同时也注意到地质条件的控制作用。此后众多学者纷纷从不同角度研究了滑坡滑动的内在机理，如 1952 年 A. W. Skempton 提出了黏性土的残余强度理论；1963 年 L. Bjerrum 等研究提出了土的渐进破坏过程；1972 年 E. П. Емельянова 从地质学理论出发对滑坡机理进行了研究；1992 年 Ter-Stepanian 研究提出了土体的蠕变过程和滑坡发生的关系；1983 年卢肇钧研究提出了影响土的抗剪强度的各种因素及抗剪强度的变化规律；1977 ~ 1986 年谌壮丽等较系统地研究了黏性滑带土的抗剪强度变化规律及残余强度的测试方法和仪器设备；1994 年储同庆等将矿物包裹体研究方法引入工程地质，并较好地解决了几个重要工程的稳定性评价问题。2000 年晏同珍等分析了滑坡平面的受力状态，依据滑坡主要作用因素，提出了流变倾覆、应力释放平移、震动崩落及震动液化平推、潜蚀陷落、地化悬浮-下陷、高势能飞越、孔隙水压力浮动、切蚀-加载、巨型高速远程等 9 种滑动机理。

1.2.2.2 高速滑坡与滑坡动力学

许多学者对高速滑坡的形成机理提出了假说。1989 年王思敬专门研究了大型高速滑坡的全过程能量分析，取得了进展；1991 ~ 1997 年，徐峻龄等提出了高速滑坡的“闸门效应”，并把碰撞理论用于滑速滑程的估算；1997 年彭建兵等对黄河积石峡高速滑坡提出了 3 种成因机制，即“闸门效应”引起的启程剧动、高位能效应引起行程、高速空气动力效应与气垫效应引起的高速飞行；2003 年胡厚田等提出大型高速远程滑坡具有规模大、速度快、滑程远、能量大、破坏力强、运动形式多样（滑动、飞行、流动等）的明显的流体化特点。

1993 年胡广韬在总结滑坡静力学的基础上，提出滑坡动力学机理是对具有一定本构的斜坡体，在其所处的特定应力场或力系之中而表现有内在和外在的机械力，两者相互有机地联系并制约。着重研究了滑体在形成演化全过程中的发育、滑移、解体、运行、停滞与消亡的过程。

1.2.2.3 滑坡的运动过程

不同的研究者从不同的角度出发将滑坡的发育过程分成不同的阶段，如1971年日本学者渡正亮比照地貌发育过程把滑坡分为青年期、壮年期、老年期；1968年斋滕迪孝研究了黏性土的蠕变破坏规律，划分出减速蠕变、等速蠕变和加速蠕变3个阶段，并以此为理论基础，应用滑坡位移监测资料，成功地预报了日本饭山线高场山隧道滑坡的大滑动时间。

2001年，徐邦栋将滑坡细分为蠕动阶段、挤压阶段、匀速滑动阶段、加速滑动阶段、固结压密阶段、消亡阶段。2004年王恭先等将滑坡分为局部失稳的蠕动挤压阶段、整体失稳的缓慢滑动阶段、加速滑动与剧滑破坏阶段和滑后暂时稳定（或永久稳定）阶段。1996年马永潮提出滑坡变形可划分为蠕动、挤压、微动、滑动、大滑动和滑带固结6个阶段。

综上所述，目前虽然在滑坡机理方面做了许多研究和探索，但由于滑坡的种类多、结构复杂、作用因素各异，对滑坡机理较全面系统的研究还不多。综观前人对滑坡机理的研究，早期的滑坡研究是仅以土体为研究对象，其方法的显著特点是采用材料力学和简单的均质弹性、弹塑性理论为基础的半经验半理论性质。并把此方法用于岩质滑坡体的稳定性研究，但由于对其力学机理认识的粗浅或假设的不合理，其计算结果与实际情况差别较大。该方法往往将斜坡变形破坏和滑坡的发展演化作为两种不同运动机制，虽然在一些滑坡机理研究中，也提到斜坡的变形，但较为简单，未能完全揭示从斜坡到滑坡的形成直至消亡的全过程。

总之，对滑坡机理的研究，应该具有全过程系统演化的观点，将斜坡的演化和滑坡的演化作为一个全系统，运用系统工程地质分析方法[1~8]研究其产生、发展的全过程。

1.3 滑坡研究现状

1.3.1 国外滑坡研究

第二次世界大战以前，各国对滑坡的研究是零星和片断的。在经济发达的资本主义国家一般由私人进行，只有瑞典和挪威由国立土工研究所进行；期间也发表过一些著作和论文，但对滑坡的研究意义不大，而且这些工作均是以长期观测为基础进行的，致使在第三届国际土力学与基础工程会议（1953 年，瑞士）上，关于滑坡的报告均是如此。如美国曾分别对两处滑坡分别观测 22 年和 23 年；瑞士对一个隧道滑坡观测 50 年，对某湖岸滑坡观测了 55 年。除苏联于 1934 年和 1946 年召开过两次全国性滑坡会议外，期间也没有召开过专门的国际滑坡会议。对滑坡稳定性研究，欧美国家多从土力学和土质学观点出发，研究滑坡地层的土力学性质、稳定性计算方法和理论，以揭示滑坡的机理而提出防治措施；苏联则多偏重地质基础的研究，强调滑坡的成因、分类、性质，同时，也研究稳定性计算方法和防治措施。目前，虽有采用综合研究方法的趋势，即综合应用工程地质、水文地质、土力学、土质学、地质力学和岩石力学等学科的基本理论和方法研究滑坡，但各国仍有侧重。日本则对滑坡地震勘探、测试技术和预报方面的研究发展迅速，且有成效。

二战后，随着世界经济的发展，使采矿、水利、交通和建筑等工程得到大规模建设，而由此形成的大坝坝肩和水库库岸、铁路和公路的路堑斜坡规模之大，条件之复杂均是空前的。特别是 1959 年法国 Malpasset 大坝左坝肩岩体的崩溃及 1963 年意大利 Vajont 大坝上游左岸的库岸滑坡等事故，使人们清醒地认识到了对滑坡体破坏的力学机理研究的不足，从而推动滑坡体稳定性研究向前迈进了一大步。1950 年，美国学者 K. Terzaghi 发表了《滑坡机理》，系统地阐述了滑坡产生的原因、过程、稳定性评价方法和在某些工程中的表现等。1952 年，澳大利亚-新西兰区域性土力学会议上，所有报告几乎全与滑坡有关（主要研究滑坡土的强度特性）。1954 年 9 月，在瑞典斯德哥尔摩召开的全欧第一届土力学会议，主题就是土坡稳定性问题，会上有23篇论文介绍了挪威、瑞典、英国等国家的滑坡。1958年，美国公路局滑坡委员会编写了《滑坡与工程实践》（Landslides and Engineering Practice），是世界上第一部全面阐述滑坡防治的专著，随后在1978年又出版了《滑坡分析与防治》。1960年，日本的高野秀夫发表了《滑坡与防治》。1964年3月，日本正式成立滑坡学会，出版季刊《滑坡》，后又成立滑坡对策协议会，出版季刊《滑坡技术》，这是目前世界上唯一的两种关于滑坡的专门刊物。1964年，苏联又召开全国滑坡会议，出版了论文集，介绍了苏联高加索、黑海沿岸、克里米亚半岛和西伯利亚等地的滑坡。1977年9月，滑坡及其他块体运动委员会与捷克国际工程地质协会在布拉格联合筹备举办了“滑坡及其他块体运动讨论会”，这是世界上第一次举行这样大型的关于滑坡的国际性学术会议，我国曾派地质学家代表团参加了这次会议[1,9]。1977年，加拿大矿物与能源中心（CANMET）编写了《斜坡工程手册》（Pit Slope Manual），从理论和实践两方面系统地对斜坡工程进行了论述。1986年，在国际地质大会期间，成立了国际工程地质协会（IAEG），同时成立了滑坡及其他块体运动委员会，它是世界上第一个专门研究滑坡及其防治的国际组织。

在此期间，以弹塑性理论为基础和改进的极限平衡法应用为主的多种稳定性计算方法应运而生。特别是1967年人们第一次尝试用有限元研究岸坡的稳定性问题，给定量评价滑坡体的稳定性创造条件，并使其逐步过渡到数值方法，从而使滑坡体稳定性研究进入模式机制，并使作用过程研究成为可能；同时，随着大量规模巨大工程的开展，决策要求的提高，以概率论为基础的可靠度方法已引入滑坡稳定性研究中。

1.3.2 国内滑坡研究

滑坡作为斜（边）坡演化失稳的一类地质灾害，在生产实践中经常发生，为了保证生产顺利进行，推动了滑坡或斜坡的研究工作。从20世纪50年代初期开始，在大量滑坡工程实践的基础上，我国对滑（边）坡岩体进行了比较系统、广泛的研究，取得了一定的进展。回顾我国滑（边）坡研究工作的发展状况，大致经历了以下几个阶段（见表1-1）：

（1）20世纪50年代到60年代中期。20世纪50年代初期，滑坡或斜坡失稳虽然屡有发生，但总体上，大型滑坡并不太多。新中国成立后兴建了一系列露天矿山，开挖深度浅，边坡稳定性问题及其对生产和安全的影响并不太突出。此时，我国滑坡研究工作尚处于建立队伍阶段。1951年，在西北铁路干线工程局成立“坍方流泥”小组，1956年成立坍方研究站，1959年成立坍方科学技术研究所（西北研究所滑坡研究室的前身）。此阶段主要采用定性描述的“地质历史分析”方法，研究重点侧重于滑坡历史资料的分析及滑坡形态分类，探讨不同类型滑坡的稳定性分析方法及相应的变形破坏机制，其稳定性分析多借助于土力学理论，很少考虑岩体的结构特性及岩体的地质结构面。

表1-1 崩滑地质灾害研究历程

时期	工程实践	主导学术思想	理论基础及基本观点	分析技术	典型高边坡工程及灾害滑坡事件
1950	工程规模较小	地质历史分析方法	刚性体介质+结构面控制	解析分析方法为主	—
↓ 1965	西南、西北地区水电工程建设，三线铁路建设，露天矿的开发揭示了一系列具有典型时效过程的大型滑坡	地质过程机制分析方法+工程地质力学分析方法	工程地质学+弹塑性力学+流变学概念（可变形性、结构控制非连续、流变介质）		瓦依昂滑坡(1963) 龚嘴电站边坡 大渡河李子坪滑坡 雅砻江霸王山滑坡 雅砻江金龙山滑坡 乌江黄崖边坡变形 金川露天矿边坡
↓ 1980	三峡工程库区库岸稳定性评价、黄河上游一系列大型水电工程（龙羊峡、拉西瓦、李家峡等）坝区库区高边坡稳定性评价，大型灾害性滑坡	地质过程机制分析-定量评价	工程地质学+岩石力学+现代数理统计+数值模拟理论（以确定性的分析方法为主）	数值+物理模拟	盐池河岩崩(1980.6.3) 鸡扒子滑坡(1982.7.17) 撒勒山滑坡(1983.3.7) 新滩滑坡(1985.6.12) 中阳村滑坡(1988.1.10) 溪口滑坡(1989.7.10) 漫湾坝肩滑坡(1989.1.8) 龙羊峡近坝库岸高边坡 拉西瓦坝区高边坡 李家峡库坝区高边坡

续表1-1

时期	工程实践	主导学术思想	理论基础及基本观点	分析技术	典型高边坡工程及灾害滑坡事件
1990	三峡、金沙江向家坝、溪洛渡、雅砻江锦屏、官地、澜沧江小湾、白龙江苗家坝等大型水电工程高边坡，攀枝花等灾害性滑坡	系统工程地质学＋工程地质系统集成法	现代工程地质学＋系统科学（强调系统性、强调过程的模拟再现）	过程模拟	向家坝水电站高边坡 锦屏水电站高边坡 小湾水电站高边坡 李家峡水电站高边坡 天生桥二级水电站高边坡 攀枝花露天矿高边坡 链子崖危岩体治理 黄蜡石滑坡治理 鸡冠岭滑坡(1994.4.30) 甘肃黄茨滑坡(1995.3) 黄土坡滑坡(1995.6.10)
↓ 1995至今	三峡工程船闸高边坡及库区移民迁建，西南地区大型水电站及山区高等级公路、铁路修建等	系统工程地质学＋工程地质系统集成法＋基于变形理论的设计	系统工程地质学（含非线性科学）变形过程控制理论（强调相互作用及系统的非线性过程演化及过程控制）	过程模拟与过程控制	三峡船闸高边坡 溪洛渡工程 岩口滑坡(1996.7.18) 白土坎滑坡 宝塔滑坡

资料来源：黄润秋，中国岩石高边坡工程及其研究，2005。

(2) 20世纪60年代中期到70年代。20世纪60年代中期，伴随西南、西北地区水电开发、铁路建设及金川、抚顺等大型露天矿山开采，边坡工程实践得到发展，一些边坡复杂变形破坏现象引起了工程地质学家的注意[9]。这些边坡都难以用静力学的观点去认识，尤其是滑动面的形成过程，同时，这种复杂变形破坏现象从某种程度上蕴涵了变形破坏机理及其演化过程，这是认识复杂高边坡稳定性并预测其未来变化的重要基础与前提，岩石力学的发展为解决这个问题提供了理论的源泉。尤其是意大利Vajont滑坡的发生，使工程地质学家认识到岩体的可变形性、变形的时效性和岩体结构对这种变形乃至最终破坏可能起到的控制作用，从而开启了对崩滑地质灾害的形成演变进行地质过程机制分析的时代[1,10]。一些具有代表性的地质-力学模型相继提出[9,11,12]，但受到理论和研究手段的限制，人们还无法对这一复杂过程进行力学量化的描述，更多的还是建立在“概念模型”基础上的定性分析。

在此期间，铁道部成立了滑坡分类与分布专题研究组，对全国铁路沿线进行普查。1977 年，铁道部科学研究院西北研究所根据我国防治滑坡经验，归纳出滑坡防治工程设计方法，对斜坡治理研究作出了较大贡献。1979 年，谷德振全面阐述了岩体工程地质力学理论，对滑坡研究乃至工程地质界产生了深远的影响。

（3）20 世纪 80 年代。20 世纪 80 年代，崩滑地质灾害研究工作进入一个蓬勃发展的新时期，如水利水电部门对龙羊峡、李家峡、五强溪、龙滩等工程的边坡工程进行了系统的研究；矿山部门对攀钢石灰石矿、平朔露天煤矿、抚顺露天煤矿等几十个矿山的边坡进行了系统研究，取得了一系列的科研成果；“六五”期间，地矿部对中国西南、西北崩滑灾害与山区斜坡稳定性研究进行了重点攻关；“七五”期间，三峡工程地质地震专题组对三峡库区沿岸重点滑坡进行了登记和调查。

在此期间，变形破坏的典型地质模型基于大量的工程实践得以建立，并提出以岩体板裂结构理论为基础的岩体溃屈破坏模型；强调了滑坡岩体变形的动态监测在稳定分析与评价中的作用，新滩滑坡及白银露天矿边坡的成功预报，都是以岩体变形的动态监测资料为基础的；重视滑坡滑面强度指标的反分析，提出稳定性评价与安全性这两个既相互联系，又存在明显区别的概念，强调在稳定性评价与分析中应该考虑岩体中初始地应力场作用及露天坑形状对边坡稳定性的影响，在工程实践中，不但应利用露天矿的初始应力（地应力）对边坡变形破坏特征进行总体评价，而且还应利用地应力作用下的滑动面上实际存在的应力状态进行定量的稳定性分析，这种分析方法与单纯只考虑岩体自重应力作用相比较，无疑更加符合实际情况，分析结果也更加可靠。

在技术手段方面，一方面，随着计算机技术的迅速发展和现代力学、现代数值分析理论的进步，模拟技术开始广泛地应用于地质灾害分析，研究工作不再是现象的定性分析，而是采用物理和数值模拟手段定量或半定量地再现变形破坏过程和内部作用过程，尤其是机制分析。针对介质的特点，先后出现了线弹性模拟、弹塑性模拟和考虑时间效应的黏-弹-塑性模拟[13]，后期还出现了准大变形和运动过程的离散单元模拟，乃至全过程模拟等；基于相似理论的物理模拟技术也得到了相应的发展，借助方法的更新和手段的进步，人们对崩滑地质灾害的认识不再是停留在“概念模型”阶段，而是通过模拟，把“概念模型”上升为“理论模型”，进一步从内部作用过程（机制）上揭示崩滑地质灾害的发育及滑动面的形成过程，以及这一过程所反映的边坡稳定性状况和蕴涵的今后的变化信息，从而为复杂边坡的稳定性评价及预测提供了重要的理论方法和工具。这一阶段的发展促使“地质过程机制分析”的学术思想体系上升到了“地质过程机制分析-定量评价”的新阶段[2]。另一方面，学科之间的相互渗透使许多与现代科学有关的理论方法，如系统论方法、信息论方法、模糊数学、灰色理论、数量化理论及现代概率统计等被引入，从而促进了理论的更新、应用研究预测预报和决策水平的提高。1988 年，晏同珍等提出滑坡的预测预报应分为空间预测和时间预报两方面，并建议用信息量法进行滑坡空间预测，用 Verhulst 灰色系统模型法进行滑坡时间预报；张倬元、黄润秋通过分析若干岩体失稳实例的位移观测曲线和声发射特征曲线，提出岩体破坏时间预报的“黄金分割数 0.618”法。但所有这些方法，在描述方法上仍未脱离传统的线性领域范畴。

（4）20 世纪 90 年代。20 世纪 90 年代，随着我国水利、水电、矿山、铁路、公路、城市建设事业的高速发展，尤其是三峡工程建设和西部大开发的实施，极大地推动了我国 20 世纪工程理论与实践的发展。滑（边）坡问题日趋严重，表现为高度高、地质条件复杂、失稳后果严重、处理难度大等特点，工程边坡设计已成为一大课题。“八五”期间，由陈祖煜组织开展的水利水电部的国家重点攻关项目“岩质高边坡稳定及处理技术”以及 1994 ~ 1998 年由国家自然科学基金委员会与中国长江三峡工程开发总公司联合资助的重大项目“三峡船闸高边坡的变形与稳定”的实施，很大程度上推动了我国岩石高边坡的稳定性控制和监测技术的方法和技术进步，其标志性成果是大吨位岩石锚固工程的开展[14,15]，我国先后在天生桥水电站二级厂房后高边坡、黄河小浪底进水口高边坡、长江三峡船闸高边坡、链子崖危岩体高边坡等应用大吨位岩石锚固对边坡实施了成功的加固处理。1995 年，香港政府土木工程署出版了《边坡工程手册》，总结了香港地区治理滑坡的工程经验。

20 世纪 90 年代这个阶段，滑坡研究有以下 3 个方面标志性的成就：

（1）从 80 年代末期开始，系统科学的思想被引入复杂地质过程和高边坡稳定性研究，人们从系统与系统之间、系统内部各子系统之间的信息传递上认识到了复杂高边坡地质体的稳定性及其控制机制和可能的控制途径，从而开始了从认识地质体向适应乃至改造地质体、从认识边坡变形破坏行为向控制灾害发生的过渡，诞生了“系统工程地质学”、“工程地质系统集成”和“互馈作用”等学术理论[3,16,17]。

（2）90 年代初，非线性科学被引入到了边坡灾害的研究，人们不仅通过一般系统科学认识到了复杂灾害系统的物理构成，而且借助于非线性科学，认识到了系统形成与演变的非线形特性，从而跨越了从线性系统到非线形系统的历史性转变。

（3）认为地质灾害是由一系列非平衡不稳定事件产生空间、时间、功能和结构上的自组织行为，从而导致开放系统远离平衡态的结果，借此相继建立了一些初步描述边坡行为的动力学方程，提出了一些基于突变理论、分形理论及非线性动力学理论的预测模型[4,5]。

1.4 公路选线研究现状

交通运输是现代文明的象征，尤其是公路运输，由于其灵活机动、快捷和经济，在生产运输和人民生活中发挥着越来越重要的作用。现在，公路建设也已经成为衡量一个地区经济状况和发展潜力的重要指标。在公路建设中，公路路线设计是一项基础性工作，它不但直接关系到使用质量和工程技术经济的合理，而且影响到路线在公路网中能否起到应有作用，影响到日后施工、养护、运营和公路的改建与发展。

公路工程设计包括选线及平、纵、横设计。选线是根据公路的使用任务和性质，按既定的技术标准和线路方案，结合实际地形地质条件，从全局着眼，局部入手，综合考虑，选择合适的线路[18]。

公路选线设计是公路建设的重要环节，在选线阶段需要查明沿线地貌、地质情况，既要保证路基的安全、稳定，又要尽量缩短路线的长度，减小工程量，使设计的公路既经济又合理。因而勘查设计人员要收集获取多方面的资料，充分利用地形、地貌、地质、水文等资料，进行路线方案的比选。

目前，在公路选线上主要考虑的是地形条件因素，一般进行前期规划也是在地形图上进行。但这样的考虑是不够充分的，因为选线受很多因素影响，尤其在西部的一些山岭区，地势陡峭，地质构造复杂，各种地质灾害频繁，公路建设投资巨大，这要求在建设前进行充分的论证，对工程区的地质背景进行全面综合的分析，为线路选线方案提供必要的信息[19]，同时，地质因素也必然成为线路选线方案的决定性因素。

1.5 滑坡演化地质过程分析

复杂而特殊的地质环境，致使陇南地区成为我国地质灾害最频繁、强度最大、危害最严重的区域之一，恶劣的环境严重制约本区经济的发展，使该区成为全国的经济落后地区之一。

国道212（兰州-重庆），俗称甘川公路，是连接我国西北与西南地区的重要通道，是国家高速公路规划的“7918网”中的九纵之一，同时也是交通部规划的“西部大开发八条大通道”之一[20,21]，该线在甘肃境内路段全长705.5km，是甘肃省干线公路网“四纵四横四个重要路段”中的一纵，是甘肃通往西南地区的主要通道，经济、战略地位十分重要[22,23]。

国道212横跨黄河、长江两大流域，穿越黄土高原和西秦岭，所经区域的自然、气候条件差异性很大。同时，线路穿越的青藏高原东北缘地区包括祁连褶皱带和西秦岭褶皱带两大构造单元，为我国南北经向构造带和东西纬向构造带的交汇区，是我国构造背景最特殊、地质环境最复杂、新构造运动最强烈的地区之一[24,25]。特殊的构造部位、复杂和脆弱的地质环境、强烈的新构造运动和活跃的外动力营力，致使该区成为我国地质灾害最频繁、强度最大、危害最严重的地区之一，滑坡、泥石流、地震等灾害往往相互交织和相互影响[26]。

其中，岷县-文县段泥石流频发，滑坡密布且规模巨大，是我国最主要的滑坡、泥石流灾害区之一，致使国道212（G212）线长期处于低等级运营状态。据初步统计，仅公路一侧，就有泥石流沟575条、大中型滑坡45处，23年来该段年平均阻断交通25天，经常造成人员伤亡和财产损失重大，滑坡和泥石流段至今仍为土路，严重制约了区域经济的发展[27]。

随着西部大开发战略的实施，国家已将G212的开发与建设列入日程，甘肃省计划在“十一五”期间对该线甘肃段进行全面改建，同时拟修建兰州-重庆-海口高速公路。为解决在严重滑坡和泥石流地区的高等级公路修建技术问题，给G212甘肃段的改建和拟建高速公路的选线和设计提供技术支撑，同时也为全国公路滑坡、泥石流防治工作提供借鉴，交通部确立了西部交通建设科技项目“国道212公路（兰州-重庆）陇南段修筑技术研究”（编号：2002 318 00036）。

在陇南地区，无论是G212的维护、改建和扩建，还是高速公路的选线、设计和修建，均须重视该区的灾害地质环境特征，特别是滑坡段，对其研究是否深入直接关系到公路选线设计和后期公路的运营。

在滑坡研究方面，主要有甘肃省公路局1992～1996年对G212线宕昌-武都段沿线的主要滑坡开展调查研究，编写了《G212线泥石流、滑坡处治技术》研究报告；北京大学李树德等对该区滑坡的区域分布规律开展了一定的研究。由于各种原因，研究程度不够深入，很难满足高等级公路和其他重大工程建设的需要。

在滑坡治理方面，主要有G212沿线滑坡治理和长江流域综合治理工程。公路滑坡治理也只有石笼、挡墙等非常简单的治理，更多的则是采取清坡方式以维持公路畅通，逐渐陷入“越清越滑”的局面。长江综合治理工程主要针对泥石流，而对滑坡，仅有为数不多的监控点，并未实施真正意义上的滑坡治理。

总之，陇南地区地质环境基础性研究和滑坡基础性研究较少，研究程度较低，地质灾害治理投入严重不足。

基于对陇南地区地质条件和选线工作的认识，以线路不可回避、崩滑泥石流最为严重的秦峪滑坡群段为研究区，在对该区地质背景有了宏观了解的前提下，采用多种勘查手段对秦峪滑坡进行详细的调查。在基本查明秦峪滑坡平面及剖面特征的基础上，对秦峪滑坡的成因机制和演化规律进行分析，建立滑坡的地质概念模型，通过数值模拟对滑坡的演化过程进行重现，对秦峪滑坡将来的演化作出预测，同时结合《临洮至罐子沟高速公路预可行研究报告》的比选方案，在概念模型上对工程开挖进行模拟，为 G212 滑坡治理及拟建高速的选线和设计提供理论支持。

1.5.1 滑坡演化地质过程分析的研究内容

本书结合交通部西部交通建设科技项目“国道 212 公路（兰州-重庆）陇南段修筑技术研究”的子项目“滑坡运动机理及设计参数研究”，以秦峪滑坡群为重点研究区，在广泛收集该区有关资料和详细的现场考察基础上，着重对秦峪滑坡的演化机制及其演化过程进行了研究，并对该段的公路选线从地质角度给予分析与建议。主要研究内容包括以下几个方面：

（1）在全面收集前人研究成果并初步掌握研究区地质环境基本特征的基础上，开展现场调查，包括地层岩性、地质构造、地形地貌、水文地质条件、新构造运动与地震、水文气象以及人类工程经济活动状况，研究该区地质环境特征和各种地质环境要素之间的相互关系，探讨本区地质环境演化特征，为滑坡研究奠定基础。

（2）基于区域地质环境的研究成果，开展秦峪滑坡群（见图 1-1）的研究，重点是调查上下滑坡和秦峪滑坡的空间分布位置、秦

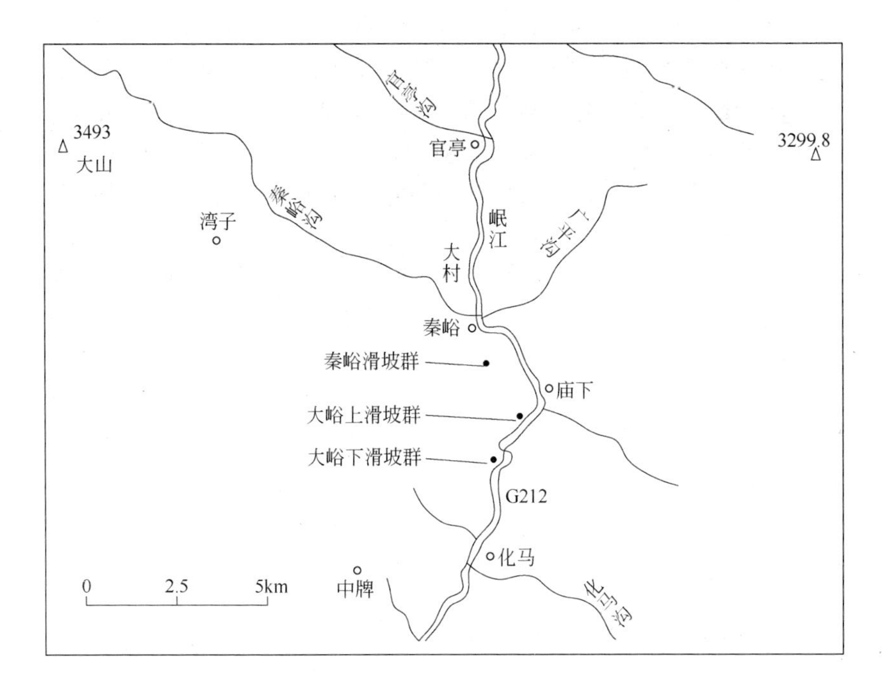

图 1-1　秦峪滑坡群平面位置图

峪断裂带的空间展部及该区的地质环境特征、各滑坡的基本特征和活动历史，分析滑坡的成因、影响因素、发育特征及其与地质环境的关系。

（3）在掌握秦峪滑坡群段的形成条件、影响因素、发育特征及其与地质环境关系的基础上，以秦峪滑坡为代表，通过大比例尺地形图测绘、地质环境要素调查与地质填图、滑坡微地貌特征调查与测试、坑槽探、地球物理勘探、取样与试验、地下水调查（重点是滑坡体泉水分布及特征）等技术，进而深入研究滑坡的形成条件及其影响因素、形成机制及其演化过程。

（4）在对秦峪滑坡特征分析基础上，结合区域地质环境和滑坡区地质环境，分析滑坡的形成条件和影响因素，并从地质环境系统演化的角度，通过地质过程机制分析方法、工程地质力学分析方法，对秦峪滑坡进行地质机制的分析。

(5) 基于对滑坡地质演化机制的认识，结合当前滑坡特征，概化出秦峪滑坡 C_1 区的地质概念模型，通过试验、数理统计及数值分析方法，反演提取出各阶段地质模型的物理、力学参数，使地质模型成为数学、力学模型，通过数值模拟方法，再现滑坡的形成、发生、发展的全过程，并对滑坡在自然条件下的演化趋势由地质模型予以预测。

(6) 秦峪滑坡群作为 G212 的病害路段及拟建高速的必经路段，对其地质进行深入研究具有重要的现实意义，加上该段具有典型性和代表性，本书对公路选线具有理论价值。在综合评价该路段可能方案的基础上，对甘肃省交通规划勘察设计院《临洮至罐子沟高速公路预可行研究报告》秦峪滑坡群段的选线方案中的比选方案，针对 C_1 区予以稳定性计算并作出评价以及结合滑坡演化对该方案予以评价，为 G212 该段的改造以及拟建高速公路的选线提供参考。

1.5.2 滑坡演化地质过程分析思路

人类生活在天地之间，天地之间就成为人类生活的环境系统。从人类生活的环境系统角度看，地质灾害具有两重性，从短时间尺度和局域范围来讲，灾害是一种跃变、失衡的成灾过程，但从长时间尺度和大区域范围讲，则是一种调整、平衡的过程。同时，地质灾害具有同源性、链发性及韵律性的特点，同源性指高层次环境因子可影响或导致低层次系统同时或相继发生异变成灾的现象，链发性指系统中各子系统间存在相干效应，韵律性指系统及其子系统运行具有周期性[27,28]。

作为斜坡演化以灾害形式出现的滑坡，也具有同源性、链发性及韵律性的特点，其发生、发展与地质环境的演化息息相关，发育和分布规律受地质环境制约和控制，所以对其研究必须以地球系统科学为指导，以研究区特殊地质环境为背景，以斜坡的演化为主线，将其纳入地质环境系统之中，来剖析滑坡形成原因、演化过程，并预测未来发展演化趋势，为拟建高速公路选线、G212 改造提供参考意见。具体滑坡演化地质过程分析流程图如图 1-2 所示。

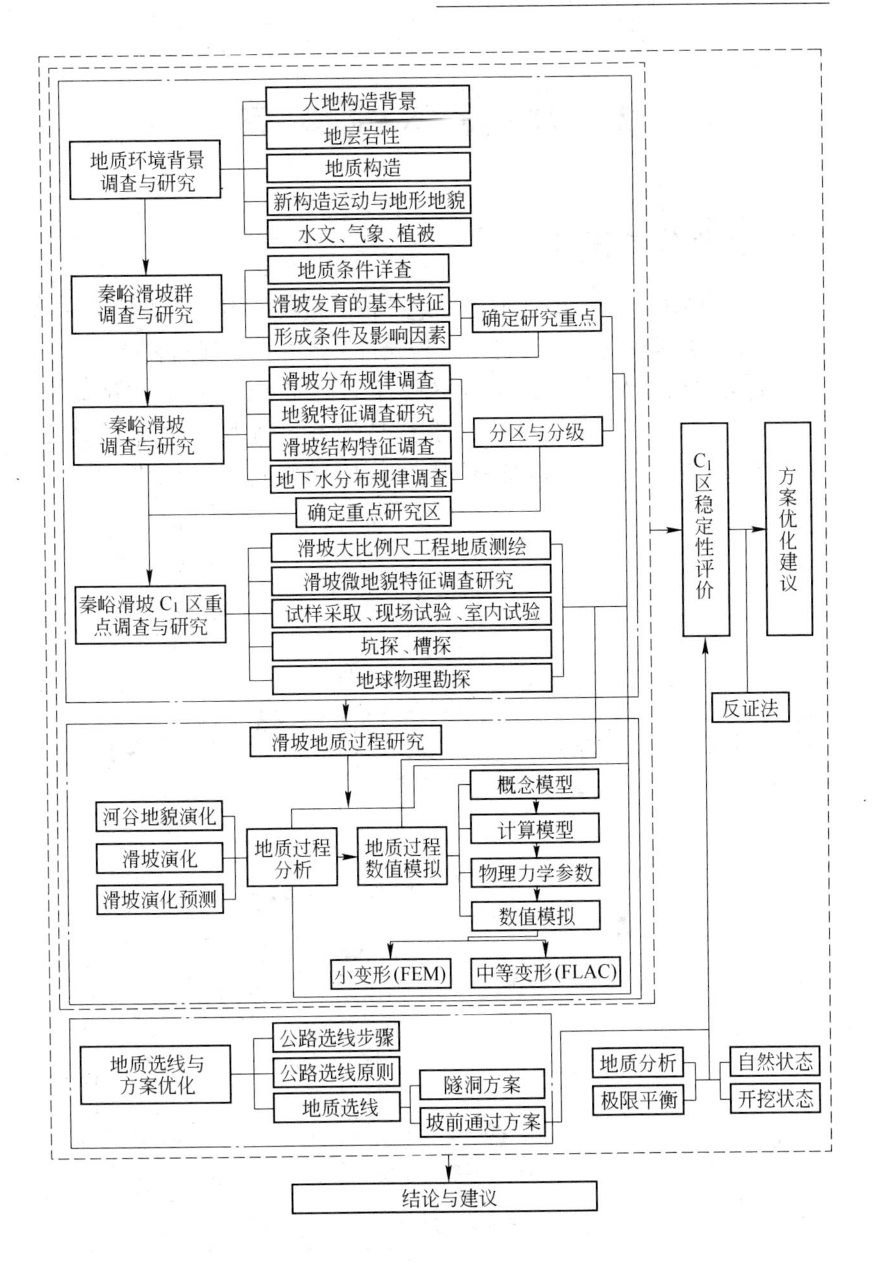

图 1-2 滑坡演化地质过程分析流程

2 地质环境背景

2.1 大地构造背景

在大地构造上，秦峪滑坡群段地处扬子板块的中央造山系南部单元内，南部紧邻阿尼玛卿（昆南）地壳拼接带（白龙江断裂带）[30]。

在现代构造格局上，研究区位于青藏高原东北缘的南北构造带和东西构造带交汇部位，也就是秦岭微地块之西秦岭造山带碌曲-成县推覆体和迭部-武都推覆体交汇部位（见图 2-1），

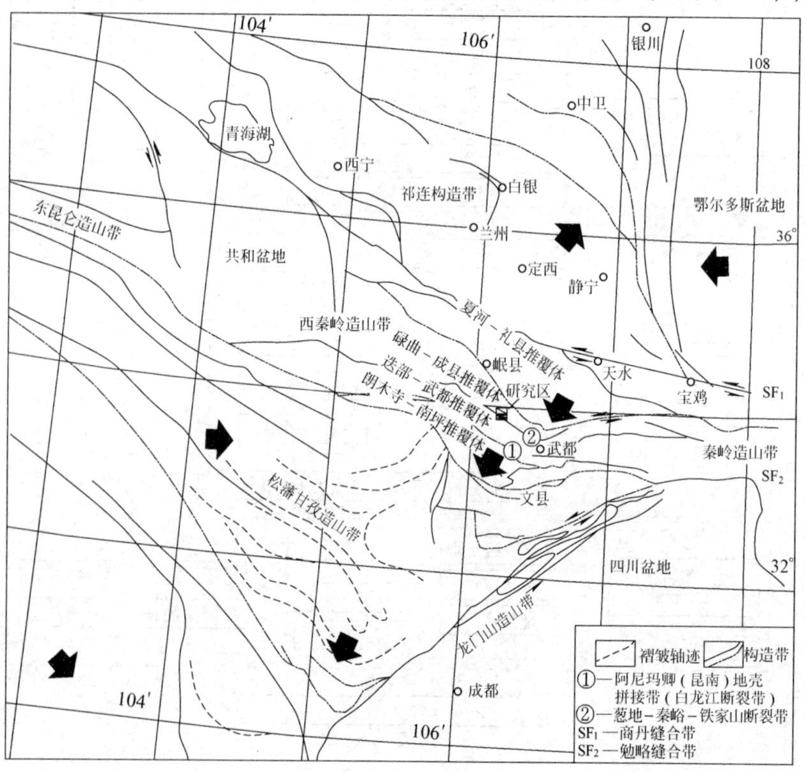

图 2-1　研究区构造纲要图

同时，也处于中国新构造东西分区界线的南北地震构造带中段[25,31]。

秦峪滑坡群段在多次、多块体相互作用下，尤其是海西-印支期俯冲碰撞主造山和印支期后广泛的后造山伸展塌陷、燕山期陆内造山和晚燕山期广泛伸展作用、新生代喜马拉雅期复活造山和青藏高原隆升及高原地壳向东走滑挤出，致使其应力场、应变场异常复杂，构造活动和地震活动强烈[32]。

2.2 地层岩性

秦峪滑坡群段固有的建造及后期多期相互干扰复合的改造，形成了一套古-中生界浅变质碎屑岩—碳酸盐岩沉积岩地层及第四系各种成因的松散堆积地层（见图2-2）[33]。

2.2.1 古-中生界浅变质碎屑岩—碳酸盐岩沉积岩地层

西秦岭造山带内碌曲-成县推覆体和迭部-武都推覆体的交汇部位为研究区。碌曲-成县推覆体北以临潭-岷县-宕昌逆冲推覆构造带为界，南以葱地-秦峪-铁家山逆冲推覆构造带为界，它是一个以三叠系地层为主体的自北向南褶皱复式向斜构造体，并沿葱地-秦峪-铁家山主断裂带逆冲叠置在迭部-武都推覆体上，该推覆体结构相对简单，内部仅包含三叠系一个时代地层；迭部-武都推覆体北以葱地-秦峪-铁家山逆冲推覆构造带为界，南以白龙江逆冲推覆构造带为界，是一个以志留系地层为核心以地层为主体的南陡北缓的复式叠瓦式背斜构造体，该推覆体结构复杂，内部包含志留系、泥盆系、石炭系、二叠统多个不同时代地层，由多个逆冲断层所夹持。

秦峪滑坡群段分布的古-中生界地层有志留系、泥盆系、石炭系、二叠系、三叠系，其基本特征见表2-1。

2.2.2 第四系各种成因的松散堆积地层

秦峪滑坡群段内山间坳地、两岸缓坡、坡脚、山麓沟谷及岷江

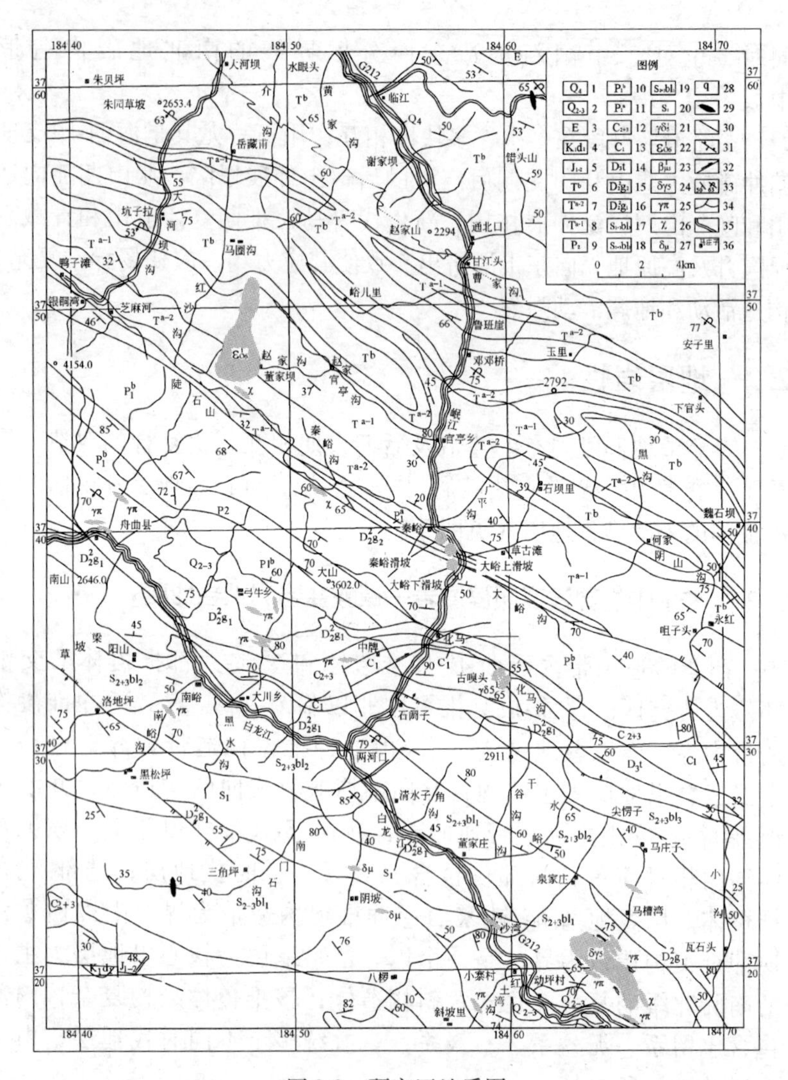

图 2-2 研究区地质图

1—全新统;2—中上更新统;3—下第三系;4—下白垩统东河群下段;5—下中侏罗统;6—三叠系中部建造层;7—三叠系下部建造层下部岩性段;8—三叠系下部建造层上部岩性段;9—上二叠统;10—下二叠统上部碳酸盐岩段;11—下二叠统下部碎屑岩段;12—中上石炭统;13—下石炭统;14—上泥盆统铁山组;15—中泥盆统古道岭组第二岩性段;16—中泥盆统古道岭组第一岩性段;17—中上志留统白龙江群第三岩性段;18—中上志留统白龙江群第二岩性段;19—中上志留统白龙江群第一岩性段;20—下志留统;21—黑云母花岗闪长岩;22—二长岩;23—沸石橄榄辉绿岩;24—闪长花岗岩;25—花岗斑岩、斑状花岗岩、石英斑岩;26—云煌岩、云斜煌斑岩、变云斜煌斑岩、闪斜煌斑岩、斜煌斑岩;27—细晶闪长岩、闪长玢岩、石英闪长玢岩中性岩;28—石英、方解石石英、方解石;29—岩浆岩及岩脉;30—地层界线;31—逆断层;32—平移断层;33—岩层产状(倒转岩层产状);34—河流;35—公路;36—村庄

表 2-1 研究区地层岩性特征

构造分区	界	系	统	群	组	段	代号	岩性类型特征	厚度/m	分布范围
碌曲-成县推覆体	中生界	三叠系		官厅群	c		T^{c}	板岩、厚层石英砂岩夹石英细砂岩和中厚层灰岩	>300	宕昌-秦峪
					b		T^{b}	西侧为厚层砂岩夹粉砂质板岩及少量黑色炭质板岩，东侧为板岩与薄板状灰岩互层、砂岩和粉砂岩夹灰岩、角砾状灰岩	>1000	
					a	二段	T^{a-2}	薄-中层微粒灰岩夹厚层状灰岩	1273	
						一段	T^{a-1}	板岩、板状灰岩，夹少量灰岩和角砾状灰岩	>600	
迭部-武都推覆体	上古生界	二叠系	上统				P_2	深灰色生物灰岩、角砾状灰岩，夹钙质板岩、砂页岩	>500	秦峪-化马
			下统			上部	P_1^b	红-微红色块状生物灰岩、硅质条带灰岩、鲕状灰岩夹紫红色泥岩	1092	
						下部	P_1^a	浅绿色中厚层砂岩、石英砂岩、含炭千枚岩、板岩、薄层灰岩、砂质页岩	309	
		石炭系	中上统				C_{2+3}	灰-灰白色块状灰岩、深灰色燧石条带灰岩、鲕状灰岩，及少量千枚岩、板岩	>232	化马-石阙子

续表 2-1

构造分区	界	系	统	群	组	段	代号	岩性类型特征	厚度/m	分布范围
迭部-武都推覆体	上古生界	石炭系	下统			上部	C_1	灰色中层泥砂质灰岩	>177	化马-石阙子
						中部		灰-深灰色板岩，夹含砾粗砂岩、砂岩及透镜状灰岩	>605	
						下部		下部薄层泥灰岩，上部灰色板岩夹砂岩、钙质砂岩	>700	
		泥盆系	上统		铁山组		D_3t	青灰色中-薄层条带灰岩、块状灰岩、角砾状灰岩	650	石阙子附近
			中统		古道岭组	二段	$D_2^2g_2$	微粒灰岩夹钙质砂岩、粉砂岩、千枚岩	1410	秦峪-沙湾
						一段	$D_2^2g_1$	灰色中-薄层砂岩、粉砂岩，夹板状灰岩及千枚岩	483	
	下古生界	志留系	中上统		白龙江组	三段	$S_{2+3}bl_3$	炭质千枚岩、板岩、细砂岩、粉砂岩，夹灰岩、硅质岩	>1100	石阙子-固水子（白龙江两岸）
						二段	$S_{2+3}bl_2$	中-薄层硅质条带灰岩、白云质灰岩、硅质岩，夹砂岩、粉砂岩、千枚岩	1250	
						一段	$S_{2+3}bl_1$	千枚岩、板岩、长石砂岩，夹灰岩、硅质岩、石英片岩、石英岩	1185	
			下统				S_1	中薄-厚层灰岩、白云质灰岩、硅质岩、粉砂岩、千枚岩互层	>1320	

河谷，在各种外动力作用下，形成多种成因的第四系松散堆积地层，广泛覆盖在古-中生界浅变质碎屑岩—碳酸盐岩沉积岩地层之上，呈角度不整合接触。该区地质剖面图如图 2-3 所示。

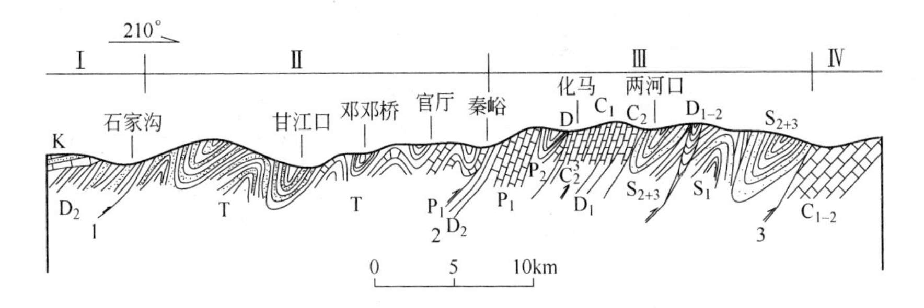

图 2-3 石家沟～两河口南地质剖面

1—临潭-岷县-宕昌断裂；2—葱地-秦峪-铁家山断裂；3—白龙江断裂

Ⅰ—夏河-礼县推覆体；Ⅱ—碌曲-成县推覆体；Ⅲ—迭部-武都推覆体；Ⅳ—郎木寺-南坪推覆体

2.2.2.1 上更新统风积（Q_3^{eol}）

从区域地层来看，上更新统风积地层广泛地覆盖在Ⅳ级夷平面及Ⅳ、Ⅴ级阶地上，研究区内主要分布在仇家山周围，岩性底部为坡残积碎石土，可见 1m 多的灰岩，厚度约为 2～3m，上部为淡黄色风成马兰黄土，厚度约为 100m。

2.2.2.2 上更新统洪积（Q_3^{pl}）

上更新统洪积地层分布在河流两岸高岸坡残留的Ⅳ级阶地上，在秦峪滑坡两侧及其对岸有零星分布，其上多已被风成黄土或次生水成黄土覆盖，洪积物质仅零星分布，覆盖层黄土约为 20m。

2.2.2.3 全新统（Q_4）

全新统地层成因复杂，岩性变化大，主要有河床冲积砂砾卵石、崩坡积块石碎石土、洪积块石碎石土、坡积碎石土、滑坡堆积块石碎石土、泥石流堆积块石碎石土及人工堆积粉砂土和碎石土等堆积物，具体性质如下：

（1）河床冲积砂砾卵石（Q_4^{al}）：分布于岷江河床及其漫滩，分选性较好，卵砾石粒径在 2.0 ~ 60mm 之间，粒径大于 80mm 的卵石少见。

（2）崩坡积块石碎石土（Q_4^{cdl}）：呈裙带状分布于岷江两岸及山麓地带，厚约 20 ~ 30m。组成物主要为块石碎石土，表层结构较松散，具有“架空结构”，底部堆积稍密。

（3）洪积块石碎石土（Q_4^{pl}）：分布于岷江两岸冲沟沟口，主要由块碎石组成，次有砂土。呈扇状、锥状，结构松散，局部架空。

（4）坡积碎石土（Q_4^{dl}）：分布于河谷两岸缓坡及山麓地带，厚约 0.5 ~ 15.0m，组成物主要为碎石和砂土，松散，具有空隙。

（5）滑坡堆积块石碎石土（Q_4^{del}）：分布于秦峪滑坡及大峪上、下滑坡上，呈舌状或扇状，组成物为块石碎石土和强风化基岩。

（6）泥石流堆积块石碎石土（Q_4^{sef}）：分布于大城沟、大峪沟、广平沟及其他泥石流沟沟口，主要由块碎石组成，分选磨圆均差，呈扇状。

（7）人工堆积粉砂土及碎石土（Q_4^{r}）：人工堆积粉砂土系岷江两岸由人工铺垫的耕地，厚度 1.2 ~ 2.0m，结构疏松，具有大空隙。

人工堆积碎石土主要分布于左岸 G212 线路基和路坡上，厚约 0.3 ~ 1.5m 不等，较密实。

2.3　地质构造

海西-印支运动奠定了研究区基本的构造格局，后期的几次运动特别是喜马拉雅期复活造山和青藏高原隆升及高原地壳向东走滑挤出，使研究区山高坡陡、地形切割深、断裂构造发育、褶皱变形强烈，但总体呈现出沿北西构造方向平行的挤压带，其间的地层也呈条带状沿北西-北西西向展布（见图 2-2）。

2.3.1　主要的构造形迹及其特征

2.3.1.1　褶皱

研究区内的褶皱构造异常发育，宕昌-秦峪一带为碌曲-成县推覆小区，主体为由三叠系官亭群构成的向北倾斜的复杂单斜构造，次级褶皱极为发育，层间褶皱十分复杂，多呈尖棱褶曲、不对称或波浪式褶曲等（见图2-3和图2-4），小褶皱轴线倾斜方向与大褶皱轴线方向保持一致，层内断裂不发育。秦峪以南为由以志留系为主体的白龙江复式背斜（见图2-3），其总体走向为NW300°左右，宽约25km，延伸长约百余千米，背斜核部为志留系（千枚岩、板岩，局部夹扁豆状或透镜状结晶灰岩，北翼主要有泥盆系灰岩，南翼主要有石炭系灰岩、砂质板岩等）；其余各套地层（中泥盆统D_2^2g、石炭系、二叠系）分布于其两翼，背斜轴部基本顺白龙江河谷展布，轴面略倾向北东向，背斜褶皱紧密、构造线往西收敛，向东张开，各地层内次级褶皱较为发育，同时受后期断层活动，破坏较为明显，两翼地层倾角为38°~84°不等。

图2-4 鲁班崖灰岩中的褶曲

2.3.1.2 断裂

研究区地处碌曲-成县推覆体和迭部-武都推覆体交汇部位，两小区分界的葱地-秦峪-铁家山断裂为该区最大的断裂，同时，也是该区滑坡、泥石流最为密集发育的主要根源。秦峪以南白龙江复式背斜内部断裂极其发育，大致有北西西向、北东向和近南北向3组，其中以北西西组最为发育，但对秦峪滑坡群影响不大，不作为研究重点。

A 葱地-秦峪-铁家山断裂

葱地-秦峪-铁家山断裂是一条区域性大型逆冲断裂带（见图2-1

和图 2-2）。沿主干断裂的南侧发育较多的次一级分支断层，组成一个入字形断层组，秦峪附近由 3 条断层组成，3 条断层向东西两向各延伸约 10km 后合并为一条断层，断层夹持的中泥盆统古道岭组第二岩性段 $D_2^2g_2$ 和下二叠统上部碳酸岩段 P_1^a 是两个大的构造透镜体，它们之间的锐角指向北西向。断层面多向北或北东倾斜，断层产状为 180°∠70°，长约 100km，破碎带宽约 150m 左右，见擦痕面和盐化现象，沿断裂带多见陡壁与瀑布。

葱地-秦峪-铁家山断裂带早期是一个大型韧性剪切带，向北倾，由北向南作韧性推覆，晚期向南倾，由南向北作脆性逆冲，出现大量碎裂岩和摩擦镜面、擦痕、线理。水平擦痕的存在指示了左旋走滑作用，黄土中构造节理（见图 2-5）和沿断裂带崩积物的大量出现指示了该断裂带新构造活动和地震活动。受之影响，三叠系与二叠系呈断层接触，同时导致地层缺失。

图 2-5 仇家山黄土中的构造节理

B 白龙江断裂带

白龙江断裂带结构复杂，有北西西向、北东向和近南北向的 3 组，并以北西西走向断层为主，构成方向大致平行的断层带。白龙江断裂带的西段活动时代相对较新，属于全新世，东段活动主要在晚更新世，其活动强度具有西强东弱的特征，主要的断层特征见表 2-2。

表 2-2 白龙江断裂带主要断层特征

断裂名称	切割的地质体	产状与规模	性质	断层证据
坪定-化马	P_2、P_1^b、C_{2+3}、C_1、D_3t、$D_2^2g_2$	倾 NE，长度 >100km	逆	（1）破碎带宽 20～150m，有断层角砾岩、泉水；（2）顺走向缺失层位；（3）沿断裂带有小侵入体（岩脉）
石岗子-普光寺	D_3t、$S_{2+3}bl_2$、$S_{2+3}bl_3$	倾 NE，长度 >100km	逆	（1）破碎带宽度约 50m；（2）有断层角砾岩；（3）缺失地层
大院-殿沟里	$S_{2+3}bl_2$、S_1	倾 NE，长度 >50km	逆	（1）顺走向缺失层位，破碎带宽度 10～15m；（2）有断层角砾岩；（3）两侧岩层产状相顶
大峪坪-朱家山	P_1^b、C_{2+3}、C_1、$S_{2+3}bl_1$、S_1、k_1d	倾 NE，长度 >100km	逆	（1）破碎带宽度 >100m，有断层角砾岩和糜棱岩；（2）沿断层带多呈锯齿状陡壁；（3）地层缺失，两侧地层产状相顶；（4）灰岩多大理岩化；（5）沿断层带有泉水分布

2.3.1.3 节理、劈理

在岩性和构造控制下，研究区发育区域性和局部性两种节理，其分布和特征见表 2-3。

表 2-3 研究区节理发育分布和特征

节理发育背景			节理组数及产状	备注
地层	代号	岩性		
中上志留统白龙江组	$S_{2+3}bl$	碎屑岩、碳酸岩	（1）290°～330°∠70°～80°；（2）150°∠20°	与区域构造线吻合
中泥盆统古道岭组	D_2^2g	碎屑岩、灰岩	（1）10°～50°∠10°～80°、210°～250°∠15°～85°；（2）115°～150°∠35°～80°、315°∠45°～70°；（3）70°～80°∠45°～85°	沿构造转折部发育

续表 2-3

节理发育背景			节理组数及产状	备 注
地 层	代号	岩性		
三叠系	T	碎屑岩、灰岩	(1) 325°~350°∠70~80°; (2) 115°~130°∠60°~80°; (3) 178°∠80°	沿构造转折部发育

在研究区白龙江群地层中广泛发育区域性劈理，是伴随褶皱及断层产生的破劈理，其产状随构造线方向及岩层产状的改变而改变，当岩层产状陡则劈理也陡，当岩层产状缓劈理也缓，当岩层产状倒转劈理也随之倒转。

2.3.2 地质构造演化

商丹缝合带（SF_1）和勉略缝合带（SF_2）所夹持的西秦岭造山带（见图 2-1）为研究区的地质背景，同时也是秦岭造山带的组成部分，其演化始于志留纪，从志留纪至三叠纪，沉积了一套海相地层。加里东期晚期，受南北向水平挤压力，志留系地层褶皱上升，形成由志留系地层组成的北西向的背斜构造；泥盆纪，海侵，泥盆系地层超覆在由志留系地层组成的北西向的背斜构造之上，中泥盆世后，受华力西期构造影响，为稳定的浅海沉积环境，二叠系、石炭系地层超覆在泥盆系地层之上；三叠纪，海退，沉积一套以陆源碎屑岩为主的具有复理石沉积特征的地槽型沉积建造，且沉降中心逐渐向西迁移；海西-印支期板块俯冲碰撞造山，受南北向应力挤压，地层褶皱变形强烈，形成 4 个以脆性构造为界北西西向条带状分布的高角度大型韧性逆冲推覆构造，即夏河-礼县推覆体、碌曲-成县推覆体、迭部-武都推覆体、郎木寺-南坪推覆体，依次自北向南推覆叠置而成，地层单元间多以断层接触[30,34~36]。海西-印支期运动不但使早期形成的一些大断裂得到复活，而且产生了近东西向和近南北向的断裂组，碌曲-成县推覆体和迭部-武都推覆体交汇部位的葱地-秦峪-铁家山逆冲断层正是伴随本次运动产生的，同时，本次运动对隆起早的老地层的形变起到了强化和破坏作用，到本次运动结束时，本区地槽全面封闭，不再有海水入侵，完成了主造山作用，构造格架基本定型。随后进入晚中生代的陆内伸展造山阶段，尤其是新生代的印度板块与欧亚板块碰撞造山作用，对其产生了强烈影响，在深部岩石圈动力的控制下，强烈的构造隆升、断裂带的大规模走滑及强烈地震活动致使处于青藏高原隆升的边缘过渡地带的研究区新构造活动强烈[33,37]。

2.3.3 古构造应力场时空演化分析

基于研究区的构造形迹及地质构造演化，研究区的古构造应力场包括以下几个方面（见图2-6）[24,33,38~41]：

第一次应力场，在北东向应力作用下，早期使志留系地层内形成北西向构造方向的褶皱，晚期使志留系地层推覆在泥盆系、石

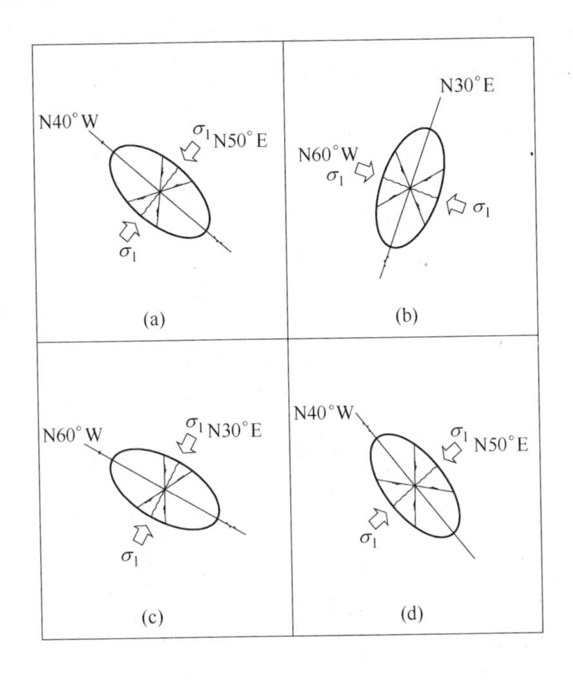

图2-6 应力场演化及变形椭球体
（a）第一次应力场；（b）第二次应力场；
（c）第三次应力场；（d）第四次应力场

炭系地层之上，在化马-两河口间形成一系列逆冲断层，与加里东构造晚期、华力西构造早期对应，应力变形椭球体如图2-6(a)所示。

第二次应力场，在北西向应力作用下，使第一次应力场形成的构造产生左旋，在白龙江左侧形成许多平移断层，这次应力场对应于华力西构造晚期，应力变形椭球体如图2-6(b)所示。

第三次应力场，在北东向应力作用下，地层褶皱变形强烈，形成4个以脆性构造为界、北西西向条带状分布的高角度大型韧性逆冲推覆构造，形成葱地-秦峪-铁家山断层，第一次应力场的断层得到复活，与印支构造期对应，应力变形椭球体如图2-6(c)所示。

第四次应力场，应力方向由北东向顺时针扭转为北东东向，于燕山-喜山期运动形成。地应力测量、地震震源机制解及地质构造应力解析（见图2-7和表2-4）表明在该地区，本次应力场与现在的应

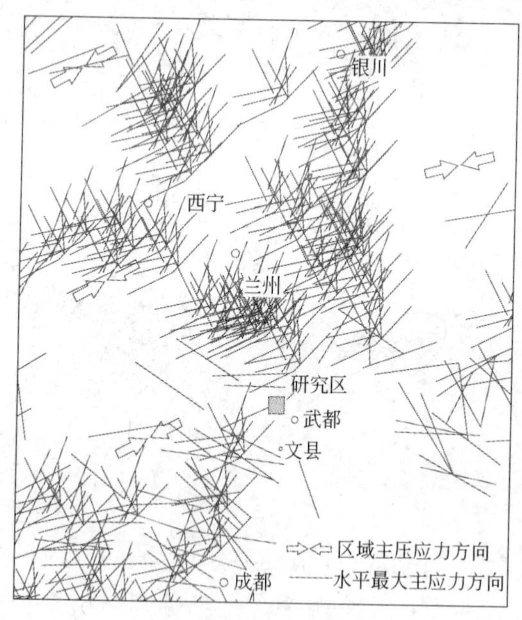

图2-7 现代构造应力场

力场基本吻合，应力变形椭球体如图 2-6(d)所示。

表 2-4 平均主应力轴方向（地震震源机制解）

地区	使用地震数	P 波初动方向数	平均 P 轴		平均 P 轴		平均 P 轴		矛盾读数比例
			方位/(°)	倾角/(°)	方位/(°)	倾角/(°)	方位/(°)	倾角/(°)	
岷县-武都	52	89	100	4	9	15	203	74	0.28

2.4 新构造运动与地形地貌

构造塑造地貌，地貌反映构造[37,42]。研究区所在的西秦岭造山带是我国东西构造带和南北构造带交会的构造结，同时，也是我国东西构造地貌转换过渡带。印度板块与欧亚板块的碰撞、青藏高原的隆升是控制该地区构造-地貌演化的主要动力。

2.4.1 新构造运动

新构造运动塑造了现今大陆和海域的构造-地貌轮廓，至今仍未停息，升降运动、断裂活动和地震活动是本区新构造运动的表现，并始于 3.4MaB.P. 青藏高原快速隆升[43~46]。

2.4.1.1 夷平面

斜坡演化是在早期侵蚀夷平面的基础上发展形成的[47]。作为新构造升降运动出发点和起跑线的夷平面，指示了新构造运动的强弱，同时，也指示了斜坡演化的起点。

研究区恰位于中国东西两大一级构造地貌单元转换过渡区域，它既是秦岭造山带的组成部分，又是青藏高原的东部边缘，其夷平面特征具有双重特征。据区域夷平面发育特征，研究区普遍发育 4 级夷平面（见表 2-5），由西向东，特征时代可对比的同级夷平面高程不同，普遍相差 200 ~ 300m，说明区域地壳隆升历史的一致性，同时也反映出地壳隆升由西向东幅度逐渐减小。

表 2-5　研究区夷平面

夷平面序次	海拔高程/m			主要特征	形成时代
	秦岭构造-地貌组合区	岷县-宕昌	武　都		
Ⅰ	3300～3500	3200～3300	3000～3100	区域山顶面	K_2-E_3
Ⅱ	2600～2900	2600～2700	2500	山顶面	3.6MaB.P.
Ⅲ	2000～2200	2200～2300	2000～2100	盆地侵蚀顶面、峰顶面	2.5MaB.P.
Ⅳ	1500～1800	1900～2000	1500～1700	残留红色风化壳	1.8MaB.P.

资料来源：1. 王树基，亚洲中部山地夷平面研究，1998；2. 郭进京，青藏高原东北缘岷县武都地区构造地貌演化与高原隆起，2006。

研究区内的Ⅳ级夷平面是第四纪以来构造相对稳定时期形成的河流宽谷剥蚀面，是现代河流最高阶地之上的层状地貌面，也是该区主要河流发育的起始面。

2.4.1.2　河流与河流阶地

Ⅳ级夷平面形成之后，在河流下切、地壳上升及侵蚀基准面相对下降的综合作用下，研究区的斜坡进入了新一轮的演化。在斜坡演化的过程中，水系不仅是其演化的主要外营力，同时，水系再造的河谷地貌特别是河流阶地还记录了区域地壳隆升、河流的溯源侵蚀过程、气候变化、构造地貌演化过程及斜坡演化的过程。

岷江及其支流是研究区主要水系，为长江三级支流，发源于哈达铺分水岭，于两河口汇入长江二级支流白龙江。该河从Ⅳ级夷平面形成之后大约 1.8MaB.P.（距今百万年前）开始下切，时至今日，在秦峪河段已下切 400 多米，据此推算，岷江在此下切的平均速度为 0.2mm/a。

岷江河谷发育五级侵蚀堆积阶地（见表 2-6），各阶地均有河床相堆积记录，其中Ⅰ、Ⅱ、Ⅲ级阶地河流沉积发育保存完整，是典型的二元结构；研究区内阶地除Ⅰ级和部分Ⅱ级为堆积阶地外，其余均为基座（侵蚀）阶地，说明构造运动是阶地发育的主要原因；邓邓桥至滑石关段，河谷宽窄相间，河流下切强烈，Ⅰ、Ⅱ级阶地堆积物变粗，分选磨圆度降低，明显出现泥石流堆积和河流冲积的混合，说明同样环境下，由于地形高差不同而出现不同的水动力条件；在化马一带，Ⅱ级阶地河床相堆积不仅大小混杂，分选、磨圆都很差，而且其上堆积有十余米的崩积物，说明Ⅰ级阶地下切时地震活动强烈。

表 2-6 研究区阶地

<table>
<tr><th>阶地序次</th><th>拔河高程/m</th><th>性质</th><th>主 要 特 征</th><th>新构造运动的记录</th><th>形成时代</th><th>备 注</th></tr>
<tr><td>Ⅰ</td><td>10</td><td>堆积（局部基座）</td><td>2～3m 河床相堆积，其上覆盖 1～2m 黄土</td><td rowspan="2">说明阶地发育时地壳稳定，河流以加积为主</td><td>0.01MaB.P.</td><td rowspan="5">Ⅰ、Ⅱ级阶地上覆的多旋回泥石流堆积、黄土堆积及堰塞湖沉积，说明有泥石流堵江事件发生</td></tr>
<tr><td>Ⅱ</td><td>20</td><td>堆积或基座</td><td>15～25m 河床相堆积，砾石磨圆度好，有 1～2 层河漫滩相粉细砂夹层，阶地宽度大</td><td>0.03～0.05MaB.P.</td></tr>
<tr><td>Ⅲ</td><td>70</td><td>基座</td><td>河床相砂砾石较厚</td><td>说明阶地发育时河流以侵蚀为主</td><td>0.14～0.15MaB.P.</td></tr>
<tr><td>Ⅳ</td><td>170</td><td>基座</td><td rowspan="2">河流堆积保存有限，从底部残留的河床相砾石特征看，粒径大，有一定的磨圆度</td><td rowspan="2">说明阶地发育时地壳隆升速度比较快，河流的动力大，以侵蚀为主，能长距离搬运巨大的砾石</td><td>0.56MaB.P.</td></tr>
<tr><td>Ⅴ</td><td>280</td><td>基座</td><td>1.2MaB.P.</td></tr>
</table>

注：形成时代据青藏高原及周缘河流阶地对比推测。

2.4.1.3 地面形变及活动断裂监测

在南北地震构造带中北段，国家地震局测绘大队布置了大地水准测量网，监测区域地面形变及活断层。研究区内地面形变监测成果如图 2-8 所示。从图 2-8 可知，研究区垂直形变 1972～1976 年为下沉，1976～1982 年为上升，1982～1987 年为下沉，1987～1993 年

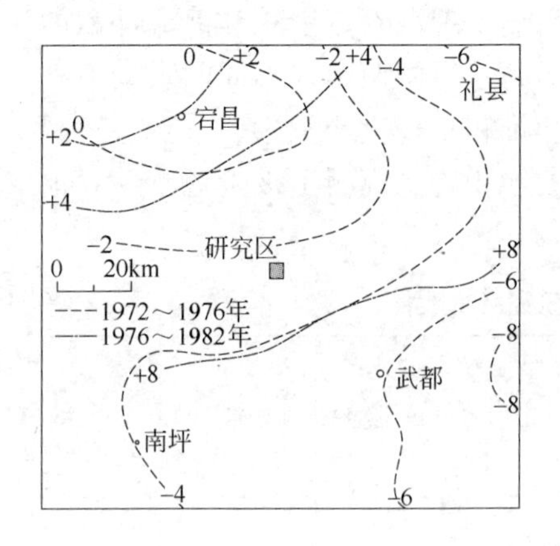

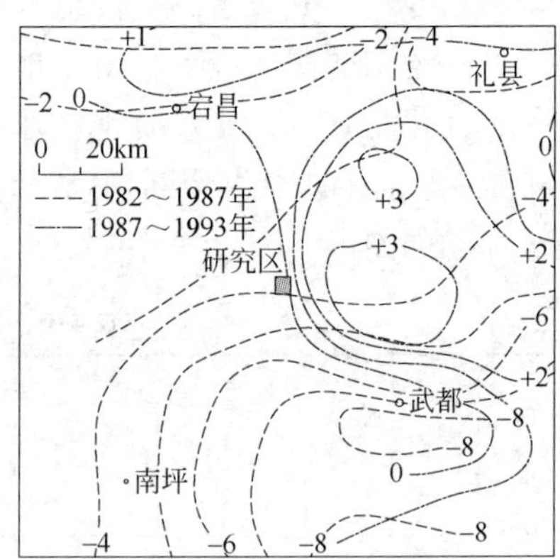

图 2-8 垂直形变速率等值线图

为上升，表明该研究区垂直形变是交替发展，且呈现出形变速率加快、加强的趋势。

研究区活断层监测西秦岭北缘断裂平均活动速率为 0. 29mm/a；临潭-岷县断裂、舟曲-两当断裂及武都-迭部断裂等平均活动速率为 0. 12mm/a；南北构造带北段及两侧平均活动速率为 0. 19 mm/a。

2.4.1.4 地震

研究区位于青藏高原北部地震区的南北地震带，自西向东发育了 3 个近南北向重力梯级带。该区处于西缘的武威至武都带，该带北起武威，向南南东向延伸，经永登、兰州、岷县、宕昌至武都以南，呈北北西走向[48]，长约 600km，宽约 50 ~ 60km，重力值幅度逾 $6\times10^{-4}m/s^{2}$。

历史记载统计，天水地震带 $M\geqslant4.7$ 级地震达 46 次，1900 年以前 35 次，1900 年以后 11 次，现处于相对低潮阶段。可见研究区处于强震分布带上。

根据《中国地震烈度区划图》(1∶400 万)，研究区地震基本烈度为Ⅷ度，局部达Ⅸ度，地震动峰值加速度为 0. 2g，地震动反映谱特征周期为 0. 45s。

2.4.2 地形地貌

在地貌上，研究区地处西秦岭南部，山体高耸挺拔，地势险峻，河谷深切，水流湍急，呈V字形谷或峡谷地形特征，为侵蚀中高山地貌。具体可分为岩质中高山区和河流谷地两个地貌分区。

2.4.2.1 岩质中高山区

受地层岩性、地质构造、新构造运动和气候等因素的影响和制约，研究区以“山大沟深”为显著特点，总体地势西高东低，山岭海拔1800~3000m左右，切割深度较大，一般大于1000m。区内群山丛错，质硬岩层构成尖锐和陡立山峰，山脊宽阔处发育良好的喀斯特地貌，溶蚀台地上多见岩溶洼地、漏斗和落水洞。

2.4.2.2 河流谷地

岷江流域深切曲流非常发育，基岩地区河道狭窄，岸坡陡立，多急流险滩。受地层岩性、降雨等气候因素、地质构造的影响，本区河谷两岸滑坡、泥石流和崩塌等物理地质现象普遍，水土流失严重。在稍缓的山坡及低洼处，往往有较厚的各种成因的第四纪堆积物，在较多河段岸边，可见公路边坡由陡立的第四纪沉积物组成，其下部多为冲积物和洪积物，上部为坡积物，某些地段可见冲洪积的与坡积物交互堆积。

受多种因素影响，河流阶地保留不完整，仅在部分地方可见阶地零散分布，且两岸不对称。

2.5 水文、气象、植被

2.5.1 流域特征

岷江总体呈近南北向，于两河口汇入白龙江干流。干流全长108km，干流坡降15.8‰，年径流量$6.07\times10^{8}m^{3}$。临江以上河段植被发育，以下河段植被较差，一般仅山顶和河谷有灌木和乔木分布。

2.5.2 降雨

2.5.2.1 降水的空间分布

在水平面上，降雨量分布不均，由南向北有递减趋势，降雨量一般为500～600mm/a，仅部分地区大于700mm/a。

在垂向上，降雨量随高度的上升而增加，海拔1500m以下为400～500mm/a，海拔1500～2000m范围内为500～600mm/a，海拔2000m以上大于600mm/a。

2.5.2.2 降水的时间分布

据1956～1980年的降水资料，降水量变化比较稳定，但年内分布极不均匀，主要集中在4～10月份。其中，4～10月降水占全年总量的91.8%，6～9月降水占全年总量的59.9%，7～8月降水量占全年总量的34.5%。研究区年降水量不小于50mm的暴雨次数在0.0～0.2次之间，最多年为1～2次；日降水量不小于25mm，平均每年1.1～3.0次，最多3～6次。历年最大降水量主要集中在7～8月，日雨强约40～45mm，极值60～85mm，其中三盘子85.5mm、化马330mm；每小时雨强最大约41～49mm；10min雨强最大为16～30mm。

2.5.3 气候

特殊的地理位置，复杂的地形条件，导致研究区气候条件复杂。在垂直方向上，气温随海拔的升高而递减，积温从最高的4600℃降低到1600℃，当海拔大于2500m时，年平均气温低于5.0℃，且极端温差很大，但随着海拔的升高，无霜天数明显降低。在水平方向上，由南到北，气温逐渐降低，南部不小于10℃，积温比北部大，霜冻期南部明显少于北部。

宕昌年平均气温8.8℃，1月份为全年最冷月，月平均气温-2.9℃，7月份为全年最热月，月平均气温12.9℃。极端最高气温34.4℃(1966年6月20日)，极端最低气温-16.9℃(1975年12月14日)。不小于0℃活动积温3410.5℃，从2月26日至11月30日持续279天；不小于10℃活动积温2628.8℃，从4月28日至10月7

日持续163天；不小于15℃活动积温1591.5℃，从6月7日至9月4日持续91天。

2.5.4 植被

研究区植被以草本、灌丛、落叶阔叶林及针阔叶混交林为主，垂直分带十分明显，分布不均衡。海拔1120～2000m之间的沿川及半山地区，为常绿阔叶与落叶阔叶混交林；海拔2000～2600m之间的高半山地区，为落叶阔叶与针阔叶混交林；海拔2600m以上的高山区，为针阔叶林。

3 秦峪滑坡群概况

秦峪滑坡群位于宕昌县官亭镇大村与两河口乡庙下村之间，岷江右岸，由秦峪滑坡、大峪上滑坡、大峪下滑坡组成（见图3-1）。

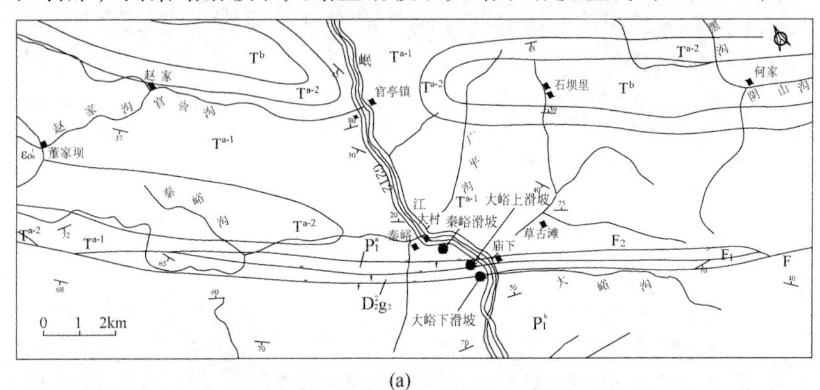

(a)

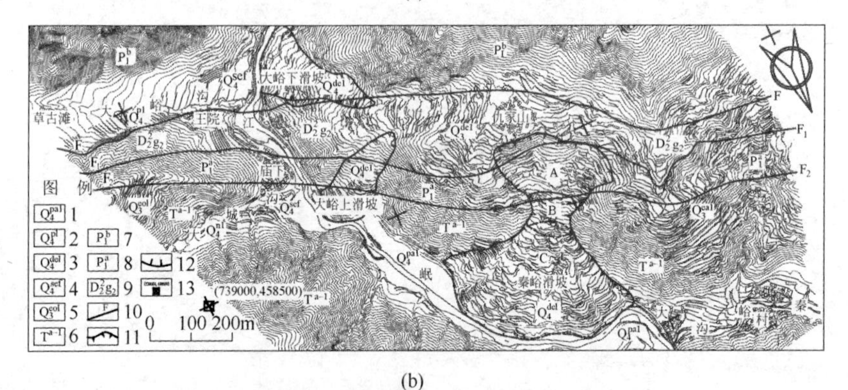

(b)

图3-1 秦峪滑坡群地质图

（a）区域地质图；（b）滑坡区地质图

1，3—全新统冲洪积；2—全新统洪积；4—第四系全新统滑坡堆积；

5—第四系全新统泥石流堆积；6—三叠系下部建造层上部岩性段；

7—下二叠统上部碳酸岩段；8—下二叠统下部碎屑岩段；

9—中泥盆统古道岭组第二岩性段；10—逆断层及编号；

11—滑坡界线；12—滑坡前沿；13—地形图坐标

3.1 地质环境

秦峪滑坡群地质环境复杂，处于碌曲-成县推覆体小区和迭部-武都推覆体小区两构造单元的分界部位（见图2-1和图3-1）。

以秦峪沟-大峪沟为界，其北为由官亭群（T）组成的复杂单斜构造，属于碌曲-成县推覆体；南部属于迭部-武都推覆体，发育古道岭组（D_2^2g）和下二叠统（P_1）。

3.1.1 地层岩性

滑坡区出露的地层有古生界中泥盆统古道岭组（D_2^2g）、古生界下二叠统（P_1）、中生界三叠系官亭群（T）地层及第四系各种成因的松散堆积层（见图3-1和图3-2）。受葱地-秦峪-铁家山断裂的影响

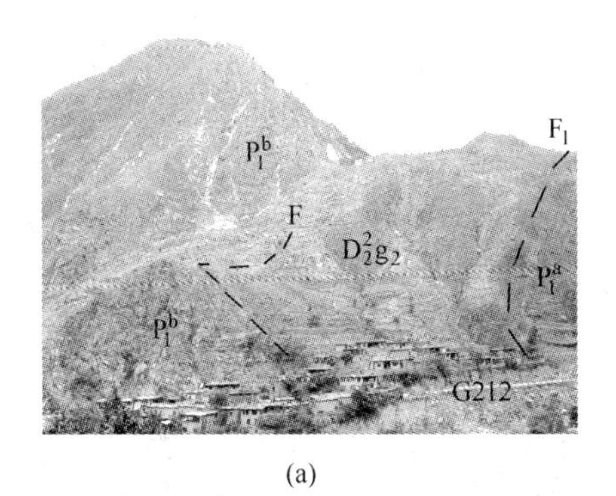

(a)

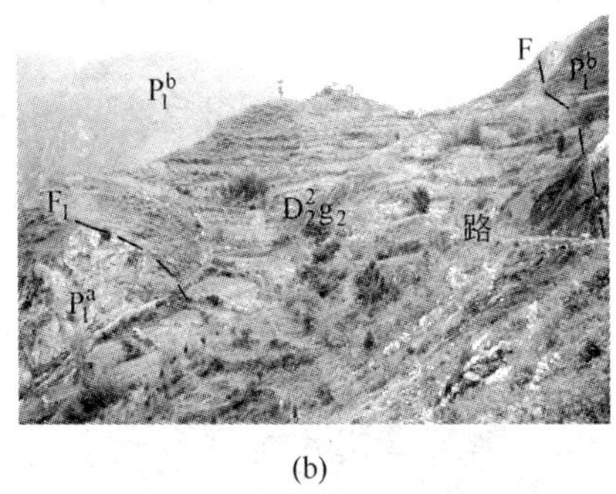

(b)

图3-2 古道岭组在秦峪滑坡群地区的分布

（a）王院对面；（b）仇家山北侧

和切割，这些地层呈条带状顺岷江两岸展布。

3.1.1.1 古生界中泥盆统古道岭组第二岩性段（$D_2^2g_2$）

研究区内古道岭组仅出露其下部地层，夹于葱地-秦峪-铁家山断裂主断层（F）及其分支断层（F_1）之间，分布于王院-仇家山-郭家山一带（见图3-2），构成秦峪滑坡、大峪上滑坡、大峪下滑坡的后缘。

在岩性上，秦峪滑坡研究区上部为灰色千枚岩、黑色含炭板岩夹中薄层生物灰岩及薄层泥砂质条带灰岩和灰岩透镜体；中部为深灰色厚层状灰岩、灰色薄板状灰岩、疙瘩状生物灰岩夹角砾状灰岩及炭质千枚岩、板岩；下部为炭质板岩、千枚岩、砂岩夹薄层硅质灰岩、薄层泥砂质灰岩（见图3-3）。由于岩性软弱，受构造运动影响严重，产状变化较大，表层风化严重，在地貌上表现为负地形。

(a)

(b)

(c)

(d)

图 3-3 古道岭组的岩性

（a）王院村路北侧灰色千枚岩；（b）王院；（c）草古滩北西侧灰色中薄层灰岩夹板岩、千枚岩；（d）仇家山北侧炭质板岩、千枚岩夹灰岩（受 F_1 影响产生褶曲）

3.1.1.2 古生界下二叠统（P_1）

研究区下二叠统（P_1）出露有下部碎屑岩段（P_1^a）和上部碳酸盐岩段（P_1^b）地层，分布在古道岭组两侧（见图 2-2、图 3-1、图 3-4 和图 3-5）。P_1^a 构成秦峪滑坡 A 区、大峪上滑坡的主体，P_1^b 构成大峪下滑坡的主体。

下二叠统上部碳酸盐岩段（P_1^b）分布在秦峪逆冲推覆构造带南侧、葱地-秦峪-铁家山逆冲主断层 F 的上盘，与其上覆泥盆系和石炭系以及下伏三叠系均呈断层接触，为灰色、微红色中厚层灰岩，岩层产状 75°～110°∠50°～60°，岩体中发育两组节理（产状分别为

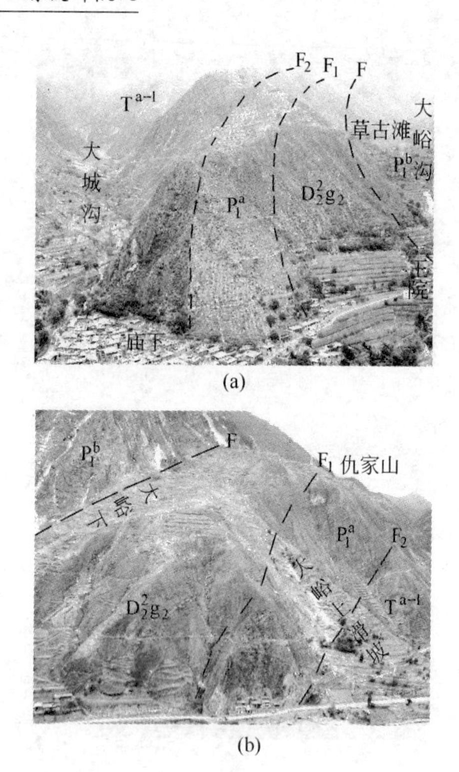

图 3-4 下二叠统在研究区的分布

(a) 庙下；(b) 仇家山

5°∠60°和 265°∠47°)。在地貌上呈高峻山体（见图 3-5)。

下二叠统下部碎屑岩段（P_1^a）分布在秦峪逆冲推覆构造带内，在葱地-秦峪-铁家山逆冲分支断层 F_1 与 F_2 之间，与其上覆的中泥盆统地层和下伏的三叠系地层均呈断层接触。本段上部为灰色中厚层灰岩、燧石团块状灰岩及微红色厚层生物灰岩，岩层产状为 190°∠69°，岩体中 200°∠52°一组节理最为发育，该组岩性由于坚硬、脆性大，受断层影响，在断层错断带岩体破碎，物理风化严重；下部为灰色、灰黑色中薄层灰岩、板岩及含炭板岩夹灰绿色泥质粉砂岩及黑色千枚岩，岩层产状 200°∠75°（见图 3-6)。在构造运动及冲沟的作用下，本段地层在地貌上表现为负地形（见图 3-4)。岩性特征及所处的构造部位决定了本地层极易发育滑坡，秦峪滑坡 A

(a)

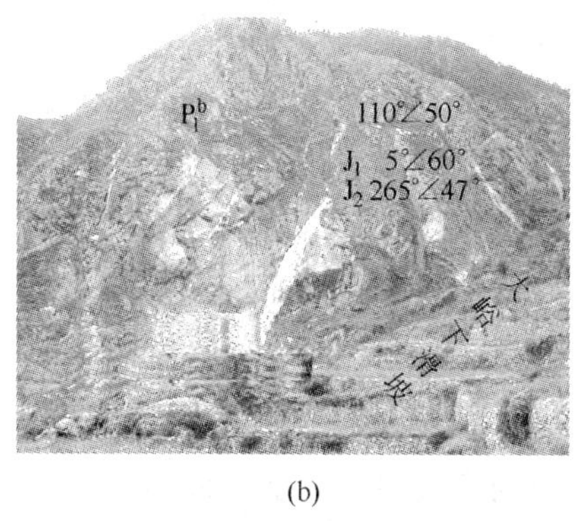

(b)

图 3-5 下二叠统上部碳酸盐段的岩性

（a）灰色中厚层灰岩；（b）灰色厚层灰岩，风化后表面呈微红色

(a)

(b)

(c)

(d)

图 3-6 下二叠统下部碎屑岩段的岩性

(a) 灰色厚层灰岩；(b) 红色厚层生物灰岩；(c) 燧石团块状灰岩；
(d) 中薄层灰岩、板岩夹灰绿色泥质粉砂岩及千枚岩

区、大峪上滑坡的主体即发育于本地层内。

3.1.1.3 中生界三叠系官亭群下部（T^a）

研究区内三叠系官亭群仅出露其下部地层的下部岩性段（T^{a-1}），分布在秦峪逆冲推覆构造带北侧，在葱地-秦峪-铁家山逆冲分支断层 F_2 的下盘（见图 3-4），与其上覆的三叠系官亭群下部建造层上部岩性段呈整合接触，与其下伏的下二叠统下部岩性段（P_1^a）呈断层接触。本段岩性为灰色、浅灰绿色粉砂质板岩、薄板状灰岩夹少量千枚岩、黑色含炭板岩及灰色厚层灰岩（见图 3-7 ~ 图 3-9）。

三叠系官亭群下部（T^a）地层构成秦峪滑坡 B、C 区主体和大峪上滑坡前缘，主控秦峪滑坡的规模。因岩性软弱，在构造运动作用下，形成一个向北倾斜的复式单斜构造。其中，次一级的褶皱极其发育，秦峪滑坡 B、C 区就是在一个次级背斜背景下发育而成的。

图 3-7 秦峪滑坡对面三叠系官亭群下部下段的岩性

（a）灰色、浅灰绿色粉砂质板岩与灰岩互层；（b）薄层板岩、灰岩的揉褶；（c）薄层灰岩；（d）薄层灰岩的褶曲

3.1.1.4 第四系（Q）

研究区内覆盖有较厚的第四系沉积物。山顶各级平台为黄土，仇家山一带的厚达数十米；山坡上则主要为坡积物，坡积物具有成层性（层面大致与山坡一致）和韵律性，清楚显示出多期坡积的特点。

正是由于较厚第四系产物的覆盖，上述各套基岩仅在冲沟、陡坡可见。

(a) (b)

图 3-8 秦峪村后滑坡北侧三叠系官亭群下部下段的岩性

（a）浅灰绿色板岩；（b）灰色薄层灰岩与浅灰绿色板岩互层

(a) (b)

图 3-9 郭家山北侧三叠系官亭群下部下段的岩性

（a）灰色中薄层灰岩、浅灰绿色板岩；（b）灰黑色薄层灰岩和浅灰绿色粉砂质板岩

3.1.2 地质构造

葱地-秦峪-铁家山逆冲断层是研究区内的一条区域性断裂带，由3条断层组成（见图2-2和图3-3），其特点是沿主干断裂（F）的北侧发育两条次一级分支断层（F_1、F_2），三条断层向东西两侧各延伸约10km后合并为一条断层。断层夹持的中泥盆统古道岭组第二岩性段（$D_2^2g_2$）和下二叠统下部碎屑岩段（P_1^a）是该断裂带两个大的构造透镜体，断裂带早期是一个大型韧性剪切带，后来又强烈活动，出现大量碎裂岩和摩擦镜面、擦痕和线理（见图3-10～图3-12）。

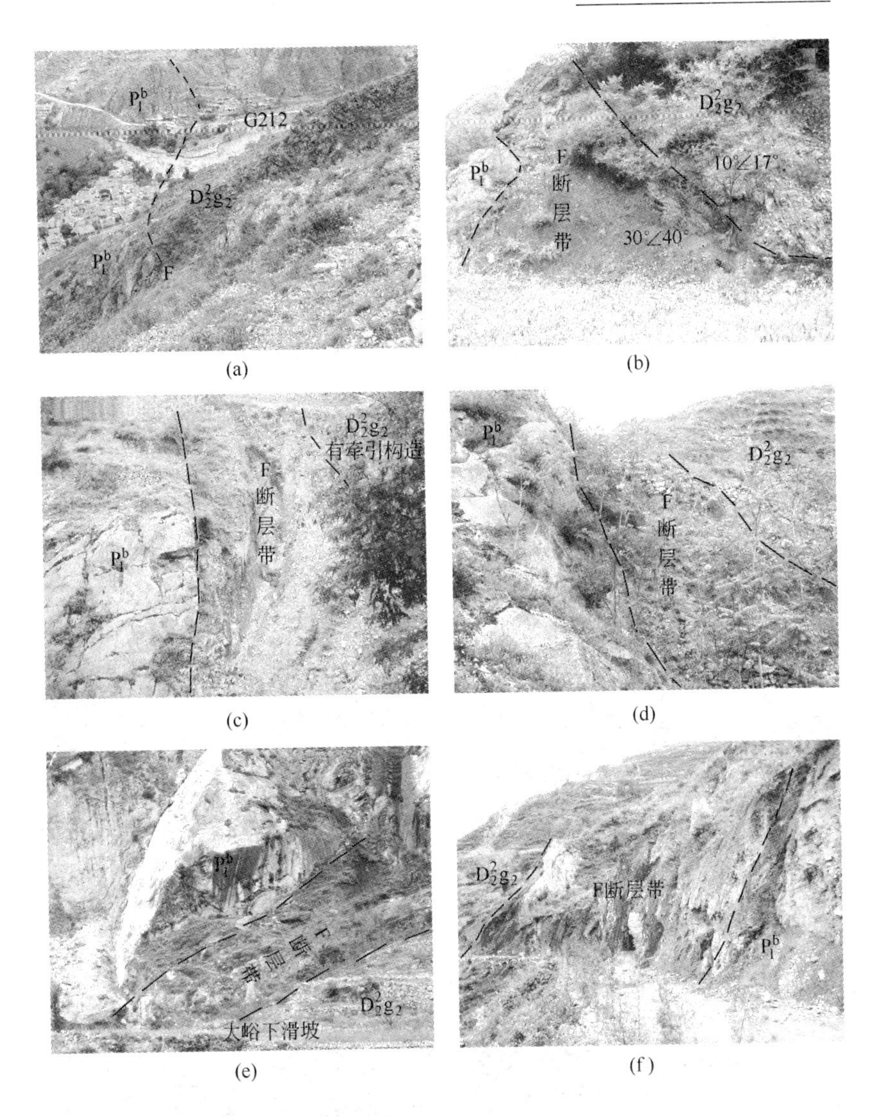

图 3-10 F 断层及断层带特征

(a) 王院；(b) 草古滩；(c) 草古滩北侧；(d) 王院对面；
(e) 高崖头；(f) 仇家山北侧

受之影响，研究区的岩体中有大量小构造分布，在 $D_2^2g_2$ 内见小断层分布，走向与 F 大角度相交，在 P_1^a 内，其上下两面均有牵引构造。

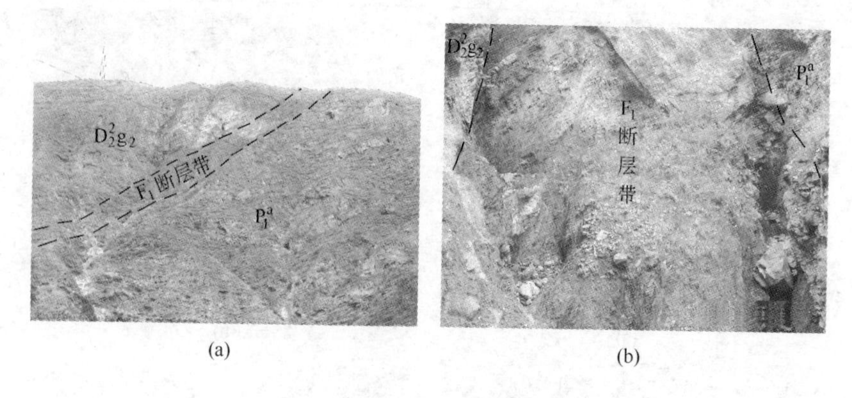

图 3-11　F_1 断层及断层带特征

（a）仇家山；（b）庙下桥对面沟内

图 3-12　F_2 断层及断层带特征

(a)庙下桥上游 100m；(b)牵引构造分布；(c)秦峪滑坡 B 区后缘；(d)郭家山北侧

由于这一断裂带的存在，在秦峪至化马桥段，断裂带北侧及断裂带内发育有3个大型滑坡，即秦峪滑坡、大峪上滑坡、大峪下滑坡，其中F与大峪下滑坡有关，F_1、F_2与秦峪滑坡、大峪上滑坡有关。

秦峪滑坡受F_1、F_2的直接影响，分期形成现有的规模，特别是F_2由于其近期活动较为频繁，且为压性逆冲性质，在B区形成破碎带宽至少20m以上的黑色含断层角砾岩的碎屑物，在滑坡南北两侧形成两个塑流滑坡，此带内多有泉水出露，地表因蒸发有积盐现象。

3.1.3 地形地貌

秦峪滑坡区自喜山期以来一直处于上升阶段，岷江的发育始于1760m夷平面（Ⅳ级夷平面）。岷江流经秦峪滑坡区时，受控于葱地-秦峪-铁家山逆冲断层，流向由官亭至大村的近南北向转向为近东西向，切穿断层带之后转为南西向（王院至化马段），平面上呈之字形（见图3-13）。

研究段岷江河道狭窄，谷地海拔高程为1300~1600m左右。两岸多为高陡山坡（山体走向为北西西向），山峰海拔高程大多在2500~3000m以上，总的地势西高东低，西岸最大海拔高程3602m，东岸最高海拔高程2966m（高嘴顶）。地形相对高差达1600m左右，最高达2300m。坡度西岸缓东岸陡，灰岩区山高坡陡，地势险峻，坡度一般大于35°，局部在60°以上，多悬崖峭壁；碎屑岩及变质岩区相对较缓，坡度一般为28°~35°。

(a)

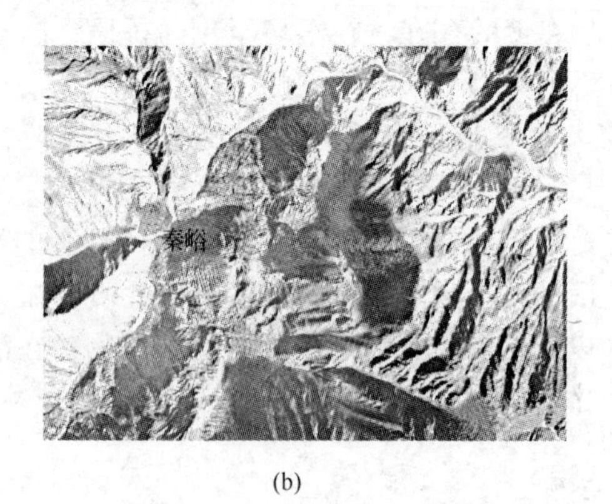

(b)

图 3-13　秦峪滑坡群影像图

(a) 卫片；(b) 航片

秦峪研究区岷江岸边多有较厚坡积物，沟口的泥石流堆积物及滑坡堆积物受岷江淘蚀而成为直立岸坡，两岸不对称发育五级侵蚀堆积阶地（见图 3-14）。Ⅰ级阶地拔河 10m 左右，分布于庙下、王院等河谷开阔地带，阶面被开发为农田；Ⅱ级阶地拔河 20m 左右，分布于庙下、王院、大村等沟口，阶面倾向河床，现多为村庄占据；Ⅲ级阶地不完整，仅保留其平台及少量的河床堆积，拔河 70m 左右，分布于秦峪滑坡两侧、大峪上滑坡对面；Ⅳ级阶地极不完整，仅保留其平台及少量的河床堆积，拔河 170m 左右，分布于大峪上滑坡下游侧及秦峪沟口；Ⅴ级阶地不完整，仅保留其平台，拔河 280m 左

(a)

(b)

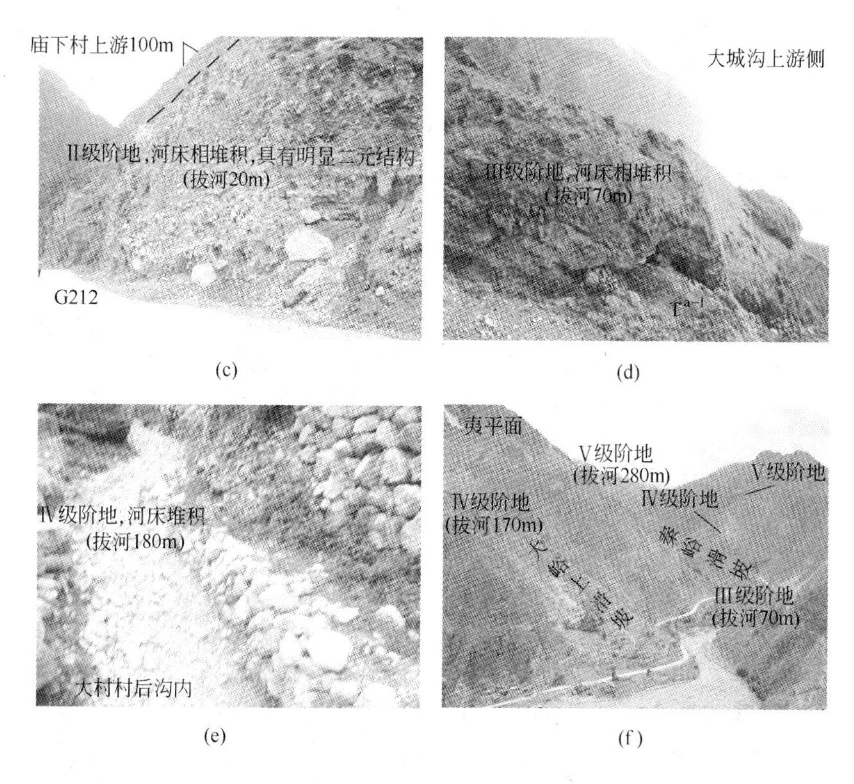

(c)　(d)　(e)　(f)

图 3-14　岷江阶地及其特征

(a) 岷江两岸发育五级侵蚀堆积阶地；(b) Ⅰ级阶地；(c) Ⅱ级阶地；(d) Ⅲ级阶地；(e) Ⅳ级阶地；(f) Ⅴ级阶地

右，分布于仇家山下，台面多已为风成黄土或次生水成黄土覆盖。

3.2　基本特征

秦峪滑坡群包括 3 个滑坡，从岷江上游至下游，依次为秦峪滑坡、大峪上滑坡和大峪下滑坡。G212 线均以便道方式从滑坡体上通过。

3.2.1　大峪下滑坡

大峪下滑坡位于 G212 线 K378 + 863 ~ K379 + 180 处，北距庙下村西北约 200m。

大峪下滑坡是一个多层、多期、受 F 断层控制和影响的滑坡，滑坡边界范围清楚，上下游边界均以较为稳定的下二叠统上部碳酸盐岩段（P_1^b）灰岩山体限制，向上斜切山梁到滑坡后缘，整个侧壁陡坎明显（见图 3-1 和图 3-15）。

图 3-15 大峪下滑坡

大峪下滑坡东临岷江，北东起于 P_1^b 灰岩与 $D_2^2g_2$ 板岩形成的陡坎，南西止于高崖头，北西靠仇家山。该滑坡下端宽约 340m，上端宽约 100m，中间宽约 200m，上下长约 580m，高差近 270m，面积约 $7\times10^4m^2$。滑坡前部厚度约为 15～20m，后部约为 10～15m，滑坡体积至少在 $1.05\times10^7m^3$ 以上。

大峪下滑坡剪出口位于 G212 线以下的岷江Ⅱ级阶地，后缘海拔 1600m，拔河高程 270m，滑壁清晰，呈内凹弧形，分别在高程为 1370m、1400m、1470m、1500m、1560m 处发育五级平台。滑坡基本被开垦为梯田，滑坡内总体地形相对平缓，坡度约为 30°，在次级滑坡的边缘较陡，滑坡的总体滑向为南东 140°～150°。

滑坡体内沟谷不发育，坡面上少有下蚀冲沟，在滑坡体内的多层陡坎、多级平台，表明该滑坡具有多期性滑动的特征。

据调查访问，大峪下滑坡经常活动，其中以 1989 年 8～9 月活动规模最大，历时最长，达 24 天。

3.2.2 大峪上滑坡

大峪上滑坡位于 G212 线 K378＋060～K378＋382 处，南距庙下村约100m。该滑坡是一个多层次、多期次、受F_1、F_2断层控制和影响的滑坡。滑坡地形及边界范围清楚，上下游边界以冲沟为界，向上斜切山梁到滑坡后缘，整个侧壁陡坎明显（见图3-16和图3-17）。

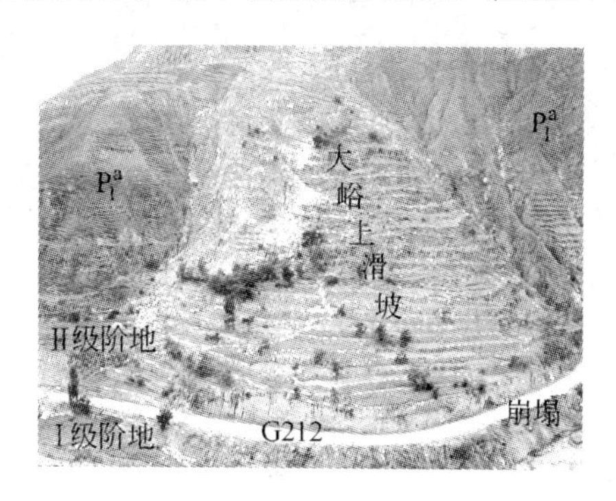

图3-16 大峪上滑坡

(a) (b)

(c) (d)

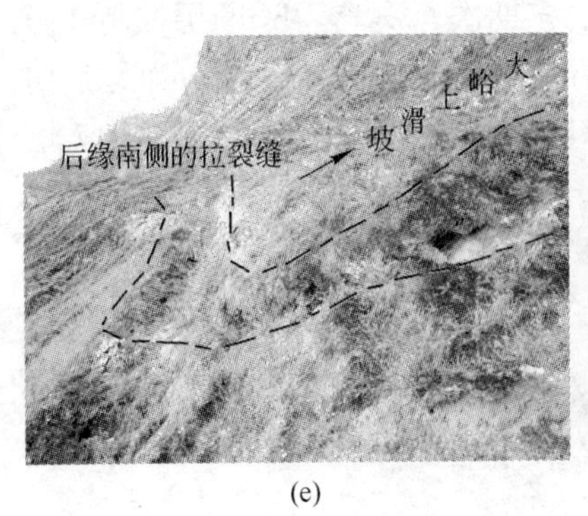

(e)

(f)

图 3-17 大峪上滑坡的特征

(a) 大峪上滑坡位置；(b) 崩塌后侧裂缝；(c) 滑坡堆积；(d) 检测滑坡活动；(e) 后缘南侧的拉裂缝；(f) 大峪上滑坡后壁

滑坡前缘宽 260m，上端宽 100m，中间宽 180m，上下长约 480m，高差近 250m，面积约 $5\times10^4m^2$。该滑坡前部厚度约为 23m，后部约为 10 ~ 15m，滑坡体积至少在 $9\times10^6m^3$ 以上。

滑坡的北侧及南侧山体 P_1^a 的中、薄层灰岩形成的陡坎，其后缘为 $D_2^2g_2$ 的板岩。滑坡的前缘剪出口位于 G212 线外侧的岷江 I 级阶地上，后缘高程为 1610m，高出河水位 250m，滑壁清晰，呈弧形，可见擦痕。滑坡体内发育有 3 条裂缝，其走向分别为 0°、5°、340°，宽约 5 ~ 7m，长约 4 ~ 5m。在滑体两侧发育大量的剪切拉裂缝。滑体内地下水不发育，仅在北侧冲沟有一泉出露，高程为 1410m，流量较小。滑坡前部地形平缓（坡度约为 25°），多被开垦为梯田，中部变陡（坡度为 35° ~ 40°），后部为平台（坡度为 15° ~ 20°），见有拉裂缝。滑坡总体滑动方向为 NE60°。

滑坡体内沟谷不发育，仅在两侧发育有下蚀冲沟，且北侧深、大，在滑坡南侧发育一崩滑体，从滑坡体内的多级弧形前沿可说明该滑坡的多期性。

据调查，农田干砌片石挡墙有外鼓现象，公路排水沟有明显裂缝及后缘和侧边的拉裂缝。据访问，自 1987 年该滑坡后部开始有崩塌活动，1985 ~ 1986 年竣工的护坡于 1987 年即破坏，说明该滑坡为一个正在活动的滑坡，并处于缓慢蠕动变形阶段，加之岷江的冲刷导致前缘崩塌发育，滑坡的稳定性不容乐观。

3.2.3　秦峪滑坡

秦峪滑坡位于 G212 线 K376 + 475 ~ K377 + 617 处，北距大村 200m，地理坐标为 E104°31′58.4″ ~ 104°32′27.9″，N33°46′40.1″ ~ 33°47′5.9″。

秦峪滑坡是一个成因复杂、多层次、多期次、受断层控制和影响的滑坡（见图 3-1、图 3-17 ~ 图 3-18），其实质为一个大型滑坡群组合体，滑坡群边界范围清楚，上下游边界均以冲沟为界，向上斜切山梁到滑坡后缘，整个侧壁陡坎明显。

(a)

(b)

图 3-18　秦峪滑坡全貌

（a）下游侧；（b）上游侧

秦峪滑坡北东临岷江，北西起于上游1号冲沟，南东止于下游3号冲沟，南西靠仇家山，平面分布似哑铃状。该滑坡下端宽约1685m，上端宽约1500m，中间宽约301m，纵长约1018m，面积约为$177 \times 10^4 m^2$。

由于秦峪滑坡时间跨度长、演变次数多，从第四纪上更新世（马兰黄土形成之后）开始至今，该滑坡的演变在空间上、时间上均不均匀，导致滑坡体的厚度各个部位不一致。残留垄脊前部，最大厚度为70m左右；后部最大厚度为50m左右，中部呈马鞍形地带厚度相对较低，约20m，总体平均厚度在40m以上，体积至少$7.0 \times 10^7 m^3$以上。

滑坡前缘出口位于河床，夏季丰水期被河水部分淹没，冬季枯水期，滑面全部出露。滑坡后缘在南东，顶部高程1760m，高出河水位约400m。

滑坡两侧山脊坡度为35°～45°，滑坡体内相对较缓（坡度约为30°），纵坡与地形坡度相对应。滑坡体内沟谷发育，在上下游两侧，沟谷下切能力强，谷壁直立，横向剖面呈V字形，甚至为“一线天”。沟谷两侧边坡崩塌严重，沟内发育有天生桥，属雏形冲沟，在中游及上部，沟谷相对开阔，下切相对浅，在滑坡体内可见多层陡壁，表明了该滑坡的多期性。

据访问，滑坡最早于20世纪60年代开始活动，造成公路变形。1976年夏季雨后，2000多方土体下滑，造成路基下沉3～4m，堵塞道路100m左右，中断行车3～4天，滑体冲入岷江，致使江水淹没对岸农田。1976年至今，滑坡前缘经常坍塌，为了保障国道畅通，陇南公路总段工程队在滑坡前缘公路外侧多次做铅丝石笼工程，但均被滑坡破坏，说明该滑坡是一个正在活动的滑坡。

3.3 形成条件及影响因素

斜坡一经形成，地形地貌及边界条件将发生改变，斜坡内的应力随之发生调整，并产生相应的变形，以适应这种变化，这种调整实质上是应力与强度、变形与抗变形能力间的平衡。如应力及其组合超过强度时，斜坡将以破坏方式达到新的平衡。其中，若应力状态超过抗拉强度，则以崩塌形式破坏；若应力组合超过抗剪强度，则以滑坡的形式破坏。

作为斜坡变形破坏的一种形式的滑坡，其滑动的实质是剪切力与抗剪强度间的相互协调，滑坡的形成则取决于两者在演化过程中的相互作用。特定的区域地质环境、自然环境和人文环境决定了斜坡内剪应力的集中，并导致滑带形成，同时，也决定了滑坡的产生与形成。

滑坡的形成条件包括内因和外因两个方面。地层岩性、地质构造、水文地质条件是滑坡形成的内在因素，起主导作用。斜坡内的软弱带、破碎带和富水带是产生滑面的基础，而地层岩性、地质构造和地下水的空间展布促使了这些带的形成。

外因包括地震、降雨、冲刷和人类活动，此外，气候条件，风化作用、植被等因素都可能影响斜坡和滑坡的稳定状况，对滑坡的形成起诱发和促进作用。

3.3.1 地层岩性

地层岩性是产生滑坡的物质基础。岩性的差异及成层条件，是影响斜坡稳定性和产生滑坡的主要因素，对斜坡的发展演化起控制作用，使斜坡的变形破坏形式具有区域性的特征。

岩石的坚硬程度控制了斜坡的演化进程以及变形破坏机制和形式。坚硬完整的岩体，强度高，抗变形破坏能力强，通常以张拉的形式破坏，产生崩塌。软弱岩体或含软弱岩层的岩体，一方面影响斜坡应力重分布，产生局部应力集中；另一方面，在水等外营力的作用下，软质岩层因强度降低而形成滑动带，故通常以剪切形式破坏，产生滑坡。总之，含易滑岩层和软弱夹层是造成滑坡的必要条件。

岩层的产出特征（成层条件）影响斜坡的变形机制和破坏形式。顺向坡、斜交坡、正交坡、反向坡有着各自特殊的变形破坏机制，产生相应的变形破坏，显然，对于滑坡而言，其位置、规模和特点，均极大地受到岩层产状及其与临空面、结构面组合的影响。

中泥盆统古道岭组（D_2^2g）、下二叠统下部碎屑岩段（P_1^a）、三叠系官亭群下部（T^a）地层岩性软弱、岩层较薄、变形强烈，是导致秦峪滑坡区滑坡发育物质基础，其中古道岭组为最主要的易滑地层。该区右岸岩层产状为反向坡产出，是导致该区蠕滑-拉裂滑坡发育的主要原因。

3.3.2 地质构造

地质构造对滑坡的形成与控制主要通过直接影响和间接影响两个方面来实现。

3.3.2.1 直接影响

断裂构造及其他结构面的受力特征和构造复合关系，直接控制滑坡及其他山坡变形的分布格局（如空间展布、范围、规模），某些断层本身即构成滑面或滑坡的界面。在构造破碎岩带（特别是在大断裂挤压破碎岩带和断层交汇破碎岩带），往往滑坡成带、成群分布，尤其是在断裂转折处，断裂的斜接、截接复合地段，更有利于滑坡的发育。

不同力学性质的断裂，其对滑坡发育的影响也有很大的差别。张性断层对滑坡的产生最为有利，沿张性断层断裂带滑坡通常普遍发育。压性断层滑坡主要发育在两侧影响带，特别是上升盘影响带内。扭转断层（特别是张扭性断层）断裂带滑坡很发育，并对滑坡发育和延伸方向的控制也最为明显。

研究区地质构造复杂和特殊，新构造运动活跃，地震活动较频繁和强烈，是滑坡异常发育的构造因素。从构造角度看，葱地-秦峪-铁家山断裂带与秦峪滑坡群发育有着直接的关系。

3.3.2.2 间接影响

区域地质构造作用强度控制着滑坡区地貌形态和地下水分布富集，也控制着滑坡的发育延伸方向、发育规模大小及分布密度，从而也控制着滑坡的基本界限。

岩体结构决定了岩质滑坡的破坏形式、滑面特征、滑坡形态和规模，而岩体结构又主要受结构面的倾向和倾角、走向、组数和数量、连续性、起伏差和表面性质的控制。

特殊的区域地质背景，使研究区成侵蚀性中高山地貌，总体特征为“山大沟深”，山体高耸挺拔，地势险峻，河谷深切。

新构造运动活跃，导致河流下切迅速、切割深度大，岸坡高陡，岸壁岩体卸荷强烈，加之岩性和地质构造的叠加效应，山坡稳定性差，极易在坡体演化过程中产生崩塌和滑坡等地质灾害。

此外，河谷地段和岸坡低缓处，多有巨厚的各种成因的第四纪沉积物堆积。在后期演化过程中，这些堆积物前缘已近直壁，客观上也为滑坡提供了物质条件和地形地貌条件，在外界条件（如强降雨、地震或人为因素）参与下，极易诱发滑坡。

3.3.3 外动力作用

任何滑坡的产生必须有空间存在，而河流、沟谷下切及人类工程的削坡为岸坡提供了临空面，这也为滑坡产生提供了空间上的必要条件。研究区位于岷江侵蚀区，河流下切严重，同时受葱地-秦峪-铁家山断裂带的影响，河流在研究区与断层近似平行展布，利于滑坡发育；岸坡发育的冲沟为雏形冲沟，其纵横坡一般都在30°以上，不少地段形成陡壁，切割深度达十余米，形成明显的临空面，极易产生崩滑；G212线的削坡促使古滑坡复活。

3.3.4 其他外因

秦峪滑坡群形成的其他外因包括：

（1）山坡及古滑坡体上人为营造梯田，使堆积物更趋松散，导致雨水、灌溉水及泉水大量渗入、增大土体容重、降低土体的力学性质，对滑坡起到加速、激化作用。

（2）植被草皮破坏，加速了水土流失，进而加大了冲沟的侵蚀力，间接影响滑坡的产生。据访问，20世纪60年代以前，秦峪两岸还是成片的森林，如今已被砍伐殆尽，仅仇家山顶尚存部分森林。

（3）降雨量，一方面可增大土体容重、降低土体的力学性质，另一方面可控制沟谷的改造，从而对滑坡的产生起到间接的影响。

综上所述，特殊的地理、地质环境，地壳内、外动力的强烈交织与转化，是导致研究区滑坡发育的大环境背景。山大沟深的地形地貌、葱地-秦峪-铁家山断裂带和中泥盆统古道岭组（D_2^2g）、下二叠统下部碎屑岩段（P_1^a）、三叠系官亭群下部（T^a）反坡向地层的发育是研究区滑坡发育的内在原因。岷江的强烈下切为研究区滑坡形成提供了临空面。降雨、严重的植被破坏、山地及坡地开垦和灌溉，对滑坡的形成起到了加速、激化的作用。地震活动在特定条件下对滑坡的形成有重要意义。人类工程活动的削坡可引起滑坡的复活。

4　秦峪滑坡群形态及结构特征

基于区域地质环境及秦峪滑坡群的研究成果，在基本掌握研究区滑坡群的形成条件、影响因素、发育特征及其与地质环境关系的基础上，为了更加深入地研究滑坡的演化机制及其演化过程，通过大比例尺地形图测绘、地质环境要素调查与地质填图、滑坡微地貌特征调查与测试、坑槽探、地球物理勘探、取样与试验、地下水调查（重点是滑坡体泉水分布及特征）等手段，对能代表秦峪滑坡、大峪上滑坡、大峪下滑坡共性的秦峪滑坡，尤其是特征明显、现今活动强烈的秦峪滑坡 C_1 区，展开了重点研究。

滑坡形态及结构特征是对滑坡进一步研究的基础，对其掌握的客观程度和准确程度，决定着后期分析的正确程度。因此，对滑坡特征的调查，是滑坡研究的基础。

4.1　秦峪滑坡

4.1.1　总体特征

据地表工程地质测绘的结果，秦峪滑坡的平面形态特征如图 4-1 所示。通过野外剖面测绘及勘探，结合秦峪滑坡 C_1 区的物探成果[49,50]，秦峪滑坡的剖面特征如图 4-2 所示，无论从平面上，还是从剖面上，均反映出秦峪滑坡是一个成因复杂、多层次、多期次、明显受断层影响和控制的大型滑坡组合体[51]。

4.1.2　分区与分级

由于空间展布上和时间跨度上的不均匀性，滑坡显得非常杂乱。通过地质测绘，根据滑坡特征以及各级滑坡间的接触关系、包含关系及继承关系，将秦峪滑坡分为 A、B、C 3 个区。其中，C 区又分为

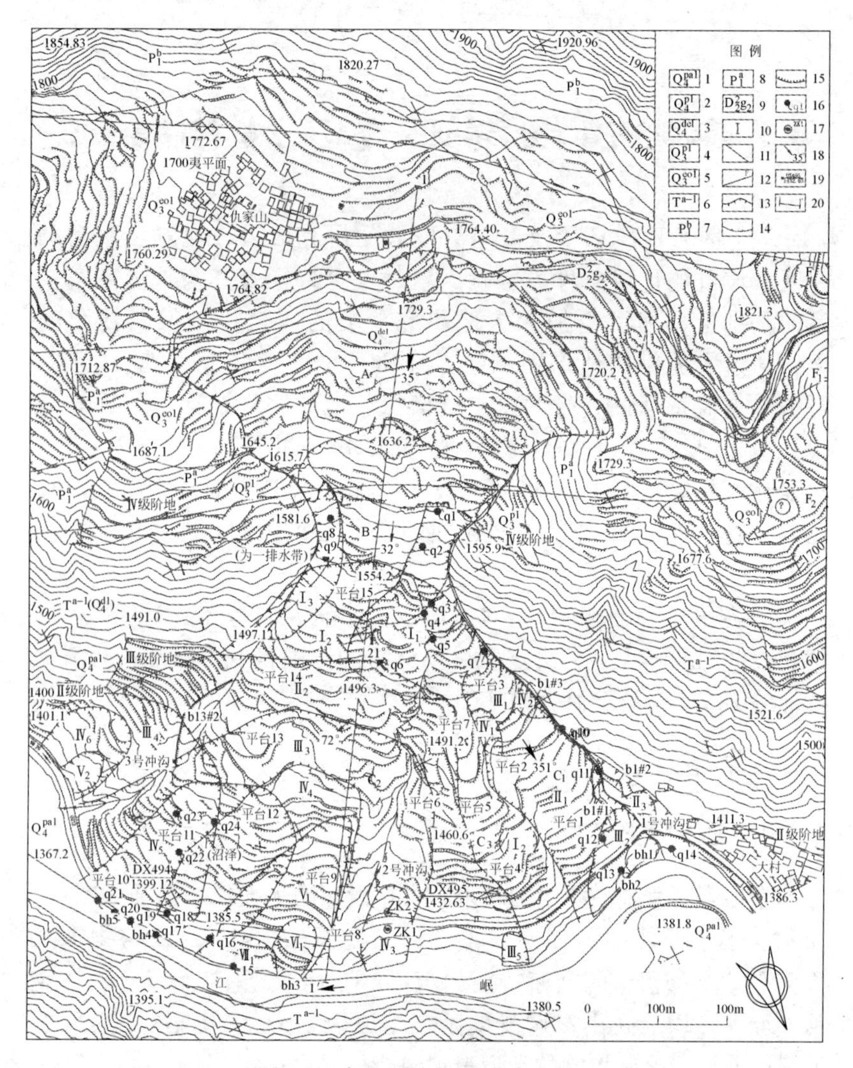

图 4-1 秦峪滑坡工程地质平面图

1—全新统冲洪积；2—全新统洪积；3—全新统滑坡堆积；4—上更新统洪积；5—上更新统风积；6—三叠系下部建造层下部岩性段；7—下二叠统下部碎屑岩段；8—下二叠统上部碳酸岩段；9—中泥盆统古道岭组第二岩性段；10—滑坡编号；11—地层岩性界线；12—逆断层及编号；13—滑坡界线；14—滑坡前沿；15—崩塌体界线；16—泉及编号；17—钻孔位置及编号；18—滑坡方向；19—控制点；20—地质剖面线及编号

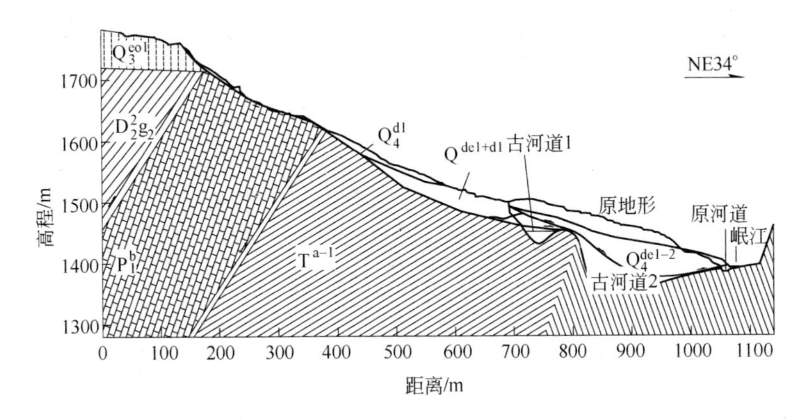

图 4-2　秦峪滑坡 1-1′地质剖面图

C_1、C_2 和 C_3 共 3 个亚区、20 个次级滑坡及 8 个崩塌体（见表 4-1 和表 4-2，见图 4-1 和图 4-2）。这些滑坡有些正在活动，有些则暂时相对稳定。

表 4-1　秦峪滑坡分区

滑坡分区	主滑方向/(°)	长/m	宽/m	高/m	前缘高程/m	后缘高程/m	后壁高/m
A	35	536	280～1500	163	1607	1770	70
B	32	270	140～310	109	1531	1640	20
C	21	1495	200～1685	210	1370	1560	—
C_1	72	467	314～787	140	1370	1510	（侧壁 20）
C_2	351	388	60～195	130	1370	1500	（侧壁 30）

表 4-2　秦峪滑坡分区的物质成分及特征

分区编号	滑体的物质成分	滑 面 特 征
A	碎石土、黄土、灰岩块石，结构松散	坡积覆盖，未见滑面
B	表层为黄色碎石土、红色碎石（为灰岩风化产物），下部为强风化的黑色炭质板岩、灰绿色泥质板岩，结构松散	后期滑坡堆积覆盖，未见滑面

续表 4-2

分区编号	滑体的物质成分	滑 面 特 征
Ⅰ$_1$	强风化黑色炭质板岩，结构相对密实，含水量大	塑性流滑坡，滑面不明显，含水量大，颗粒细，呈可塑～软塑状，有五层7个泉
Ⅰ$_2$（C）	表层为黄色碎石土、红色碎石（为灰岩风化产物），下部为强风化的黑色炭质板岩、灰绿色泥质板岩，结构松散	在前缘出口出露，分布在强风化层内，含水量大，颗粒细，可见擦痕
Ⅰ$_3$	强风化黑色炭质板岩，结构密实，含水量大	塑性流滑坡，滑面不明显，含水量大，颗粒细，可塑～软塑状，有两层泉，q_9为线状排泄
Ⅱ$_1$（C_1）	表层为黄色碎石土、在1号沟见红色碎石（为灰岩风化产物），表层已开为耕地，下部为强风化的黑色炭质板岩、灰绿色泥质板岩，结构松散	在1号沟壁及前缘剪出口可见滑面，滑面为黑色或黄绿色断层泥状土，呈可塑～软塑状，可见擦痕
Ⅱ$_2$（C_2）	表层为黄色碎石土、红色碎石（为灰岩风化产物），下部为强风化黑色炭质板岩、灰绿色泥质板岩，结构松散	因后期改造，仅见上游侧壁，未见滑面
Ⅱ$_3$（C_3）	为C区残留脊垅，物质成分同Ⅰ$_2$	在前缘出口出露，分布在强风化层内，含水量大，颗粒细，可见擦痕
Ⅲ$_1$	表层黄色碎石土，前缘黄土碎石土厚20cm，下部为强风化的黑色炭质板岩，结构松散	未见滑面，在其前缘黄土碎石土仅20cm厚
Ⅲ$_2$	表层为黄色碎石土，下部为强风化的黑色炭质板岩，结构松散	在1号沟壁及前缘出口见滑面，黑色胶泥，呈可塑～软塑状，可见擦痕，路上侧有一泉

续表 4-2

分区编号	滑体的物质成分	滑面特征
$Ⅲ_3$	表层为黄色碎石土、红色碎石（为灰岩风化产物），下部为强风化的黑色炭质板岩、灰绿色泥质板岩，结构松散	因后期改造，仅见上下游侧壁，未见滑面
$Ⅲ_4$	黄色滑坡堆积碎石土，冲沟见强风化的黑色炭质板岩	可见 2 号沟崩塌及裂缝，未见有滑面
$Ⅲ_5$	表层为黄色碎石土、碎石，结构松散	河床可见滑面，黑色胶泥，呈可塑～软塑状
$Ⅳ_1$	表层为黄色碎石土，厚度薄，下部为强风化的黑色炭质板岩，结构松散	可见上下游侧壁，见树被拉开，未见滑面
$Ⅳ_2$	表层为黄色碎石土，厚度薄，下部为强风化的黑色炭质板岩，结构松散	在 1 号沟壁见滑面，滑面为黑色胶泥，呈可塑～软塑状，可见擦痕，其下有一泉
$Ⅳ_3$	黄色滑坡堆积碎石土、碎石、强风化的黑色炭质板岩	前面有挡土墙，前缘下游侧有糜棱物风化而成的黑泥状土
$Ⅳ_4$	黄色滑坡堆积碎石土，沿陡坎见微红色碎石土，整个滑坡肢解破碎	因后期次级滑坡破坏严重，滑面不明显，但上游侧壁明显，可见滑面
$Ⅳ_5$	黄色滑坡堆积碎石土，层薄，在平台有沼泽地，路边有泉，下部为强风化的黑色炭质板岩	因前缘岸坡再造引起次一级滑坡，滑面不明显，但下游侧壁明显
$Ⅳ_6$	黄色滑坡堆积碎石土	在路边见滑面，为黄色碎石土，含水量小
$Ⅴ_1$	黄色滑坡堆积碎石土、碎石、强风化的黑色炭质板岩，在下游侧下部发育一泉	因前部次级滑坡发育，未见滑面
$Ⅴ_2$	黄色滑坡堆积碎石土，取土养路所致	可见裂缝，未见滑面

续表 4-2

分区编号	滑体的物质成分	滑面特征
Ⅵ$_1$	黄色滑坡堆积碎石土、碎石、强风化的黑色炭质板岩，在河床侧发育一泉	河床可见滑面，为黑色胶泥，存在边坡崩塌
Ⅶ$_1$	黄色滑坡堆积碎石土，下部为强风化的黑色炭质板岩，泉水引起有崩塌	岷江掏蚀的岸坡再造，未见有滑面

A 区是一个古滑坡及其后期产生的次级滑坡和崩塌的组合体，其实质为一滑坡群。因该区时间跨度大、界限模糊，所以只从宏观上对其了解，未对其进行详细分块。

B 区是在 A 区古滑坡的基础上发育起来的另一个古滑坡，相对于 A 区古滑坡较新，它们之间存在着一定的继承关系。但是，因 B 区所处的位置特殊，后续持续产生的滑坡，对其改造严重，故在前缘和后缘的界限极为模糊。

C 区是 B 区古滑坡的复活，虽经后期改造，但界限较为清晰。对 C 区滑坡的研究不仅能够了解 C 区的演化规律，同时对 A、B 区的进一步认识有指导意义。根据滑坡特征，C 区分为 3 个亚区，其中 C_1 区位于滑坡西部（上游侧），向岷江偏上游方向滑动；C_2 区位于东侧（下游侧），向岷江偏下游方向滑动；C_3 区位于 C_1 区和 C_2 区之间，是Ⅰ$_2$ 滑坡后期滑动残留部分。

4.1.3 物质组成与坡体结构

根据滑坡体外及上游侧冲沟地质调查与测绘，秦峪滑坡 A 区的滑床为微红色灰岩和灰色中薄层板岩。灰岩易风化，风化后成碎石块沿原地残积（见图 3-6）。B、C 区的滑床为黑色炭质板岩和灰绿色板岩，两者相间分布，表层风化强烈。

A 区表层为黄土状土及碎石土，并分布有巨型灰岩块石，下部为微红色灰岩碎石块和黄土的混杂物。B、C 区表层为黄土状土，表现为黄土和碎石的混杂物，厚度一般为 3 ~ 5m，局部较厚；后部由强松散破碎堆积物及碎石土组成，前部为碎石土与强风化黑色或黄绿色风化板岩的混杂堆积物（见图4-3）。

(a) (b) (c) (d)

图4-3 秦峪滑坡C区物质成分
（a）垄脊前缘（岷江岸壁）；（b）垄脊中后部小路侧；（c）垄脊前缘（国道212线内侧）；（d）垄脊后部的I_1塑流

滑坡A区，因时间久远，后期改造严重未见滑面物质；B、C区滑面的物质为黑色或黄绿色，黏粒含量大，含水量大，往往成为隔水层，在露头处以泉的形式排泄（见图4-4）。

(a)

(b)

(c)

(d)

图 4-4 滑坡体的滑面（C 区）

（a）垄脊前缘；（b）C_1 区前缘；（c）C_2 区国道 212 线内侧；（d）C_2 区 3 号冲沟内

从滑坡体内和边界冲沟可以判定，C 区滑坡是在断层的影响下，沿古滑坡 B 的滑面向下滑动，形成秦峪滑坡现有的基本格局，其进一步活动，分解形成众多次级小滑坡（见表 4-2）。

4.1.4 地貌特征

滑坡所在的岷江右岸为凸岸。岷江在此出现地貌上的反常，其上游和下游河道均较顺直，且总体方向近一致。由于滑坡的存在，推挤河道，使岷江向左岸侧蚀而出现不协调的弧形拐弯。因此，从地貌上看，该滑坡发生时，曾导致堵江。

滑坡体地形破碎，可见多级平台和陡坎。滑坡体内大小冲沟发育，其中以滑坡两侧的冲沟规模最大，呈 V 字形。就上游边界 1 号冲沟和下游边界 3 号冲沟而言，多因冲沟下切引发次一级滑坡及两壁的滑体物质塌落而被后期填埋。在此基础上继续下切，冲沟两侧发育裂隙和支沟。滑坡体的 2 号冲沟相对稳定，沟谷开阔。除此之外，滑坡体内还有小冲沟发育，多数延伸较短。

秦峪滑坡的后壁呈圈椅状，壁高 60m，坡度 60°以上近似直立，高出岷江江面 400m 以上，后壁为黄土，因黄土陡壁仍在崩塌，滑壁较新鲜，次级滑坡后壁除前缘的新滑坡明显以外，均不太明显。

相对后壁而言，秦峪滑坡的侧壁出露最为清晰，岩性基本上均为碎石土及强风化的板岩，正在活动的次级滑坡侧壁陡坎下普遍发育羽状裂隙。

秦峪滑坡的前缘出口位于公路以下岷江河床，因前缘次级滑坡发育，大部分为后期滑坡掩埋，仅在垄前缘有出露，但前缘次级滑坡的前缘出口位于岷江河床，秦峪滑坡的前缘出口有13处流量不大的泉水出露，且冬季较夏季出露得多，泉水流量大。滑坡前缘出口岩性均为黑色或黄绿色风化板岩，厚度一般为10～20cm。

整个秦峪滑坡内在中部见有洼地，从平面图可以看出滑坡发育有多级平台。

从整体上看，秦峪滑坡体被中间的脊垄一分为二，下游侧较上游侧平缓，上游侧的裂缝较下游侧发育。

4.1.5 地下水

滑坡区内的地下水补给主要来源于大气降水，汇水面积 $2.17km^2$，其中滑坡本身汇水面积占 $0.764km^2$。由于受断层及滑坡影响，滑坡体内地下水丰富，滑坡区内泉水出露达24个（见图4-1）。滑坡表面植被较差以及滑坡群体内裂缝发育，降雨入渗系数较大。排泄主要在相对隔水层顶面以泉的形式排泄，从高程1610m至河床形成多层排泄区，这反映了该滑坡群的多层性和多期性。由于滑坡群物质松散，除了 q_9 和 q_{23} 泉径流到 q_{22} 下方形成沼泽地外，其他均下渗到地表以下。滑坡前缘岷江右岸岸壁的 q_{15} ～ q_{20} 泉引起局部的崩塌。

4.2 秦峪滑坡 C_1 区

鉴于 C_1 区现处于强烈活动状态，加之代表性强，所以对它开展了详细的调查和研究工作，通过系统、客观、科学的认识，反演出整个滑坡的情况。

C_1 区包括 $Ⅱ_1$、$Ⅲ_1$、$Ⅲ_2$、$Ⅳ_1$、$Ⅳ_2$ 5个次级滑坡及4个岸坡崩塌体（见图4-1和图4-5）。$Ⅰ_1$ 塑流滑坡覆盖在 C_1 区顶部。

(a)

(b)

图 4-5 $Ⅲ_2$ 滑坡 2004 年和 2005 年对比
（a）2004 年 8 月 31 日；（b）2005 年 10 月 2 日

4.2.1 物质组成和坡体结构

C_1 区前缘的 $Ⅲ_2$ 滑坡是整个秦峪滑坡最活跃的位置，每年到雨季时均有滑动（见图 4-5），其滑动导致 G212 线多次改道。滑坡物质主体由黑色或黄绿色风化板岩、千枚岩组成，上部覆盖着碎石土；板岩、千枚岩已不具原生特征，而呈泥状，降雨后呈塑性状态，干燥时呈坚硬状态。受岷江冲刷的影响，$Ⅲ_2$ 滑坡前缘发育两个崩塌体 bh_1、bh_2，其中 bh_1 最为严重，它直接牵引着 $Ⅲ_2$ 滑坡；$Ⅱ_1$ 滑坡中部已开垦为梯田，地势相对平坦，从 1 号冲沟看，其表层为滑坡堆积的碎石土，可见红色的碎石堆积，下部为黑色或黄绿色风化板岩、千枚岩混合物，在Ⅲ$_2$滑坡的后缘1号冲沟侧发育一崩塌体。

Ⅲ$_1$滑坡位于Ⅱ$_1$滑坡后部，上部为灰白色灰岩及黄土的混合碎石土，厚约6m；下部为黑色风化板岩。其前缘下部表层仅有20cm厚的碎石土覆盖，底部为黑色风化板岩混合物（见图4-6）。Ⅲ$_1$滑坡两侧发育有两个次级滑坡Ⅳ$_1$、Ⅳ$_2$，其物质组成同Ⅲ$_1$滑坡，在Ⅳ$_2$坡沟侧发育一个崩塌，崩塌下侧出露一泉；Ⅲ$_1$号滑坡顶部被塑流滑坡（Ⅰ$_1$）覆盖，其物质为黑色风化板岩，在活动强烈区有横向裂隙发育。

在滑坡调查的基础上，对主剖面线（见图4-7）开展了面波勘探和浅层地震反射勘探[49]，并结合沟谷揭露的情况，查明了C_1区的剖面结构（见图4-8）。

(a)　(b)

(c)　(d)

图4-6　秦峪滑坡C_1区物质成分

（a）Ⅱ$_1$滑坡前缘（G212线内侧）；（b）Ⅱ$_1$滑坡后部及Ⅲ$_2$滑坡前缘；

（c）Ⅱ$_1$滑坡后部表层碎石（厚20cm）；（d）Ⅲ$_1$滑坡上部表层物质

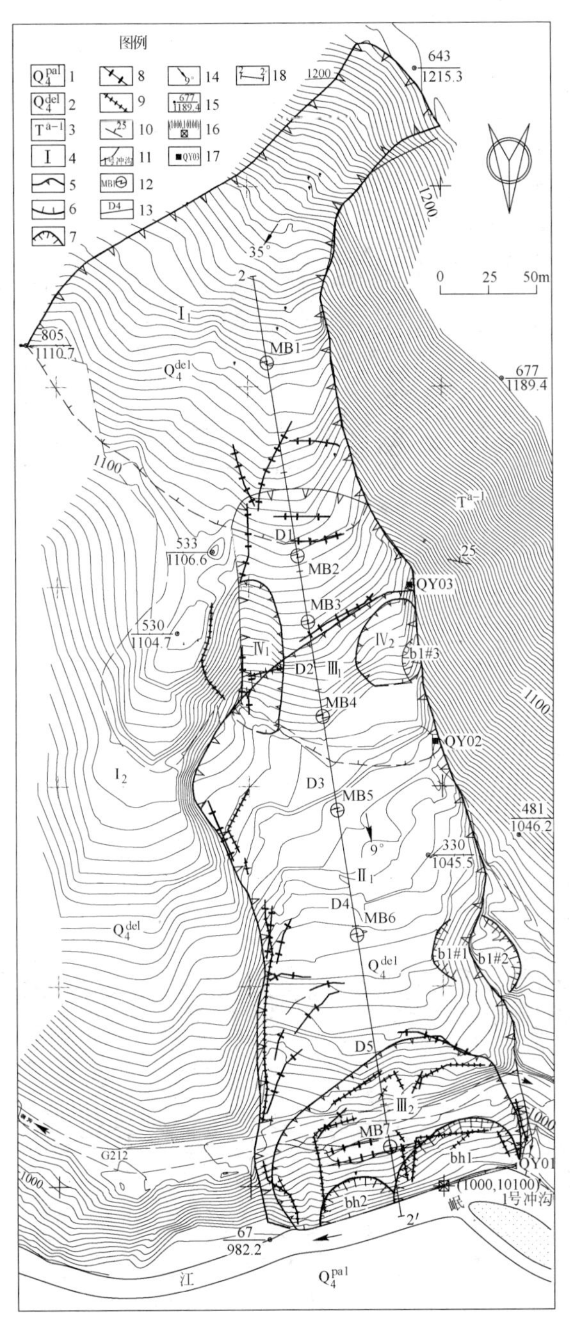

图 4-7 秦峪滑坡 C_1 区工程地质图

1—全新统冲洪积；2—全新统滑坡堆积；3—三叠系下部建造层下部岩性段；4—滑坡编号；5—滑坡界线；6—滑坡前沿；7—崩塌体界线；8—2004 年 8 月量测的裂缝；9—2005 年 10 月量测的裂缝；10—岩层产状；11—冲沟及编号；12—瑞利面波测试位置及代号；13—浅层地震测试剖面位置及编号；14—滑坡方向；15—测图控制点高程及点号；16—测图坐标基准点；17，18—取原状样位置及编号

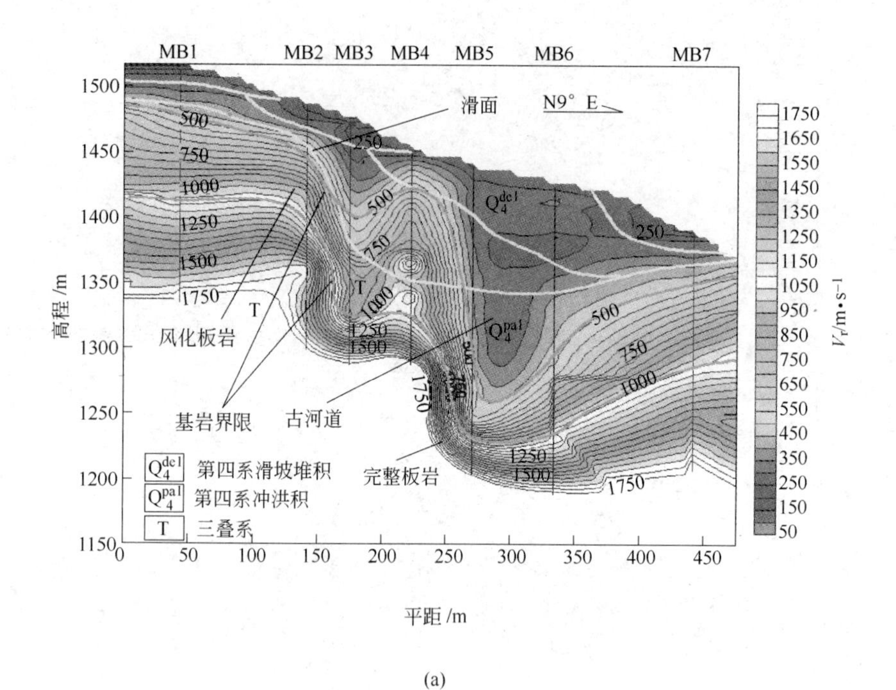
MB1
MB2
MB3
MB4
MB5
MB6
MB7
滑面
N9° E
风化板岩
基岩界限
古河道
完整板岩
Q_4^{del} 第四系滑坡堆积
Q_4^{pal} 第四系冲洪积
T 三叠系
高程 /m
平距 /m
V_r/m·s^{-1}

(a)

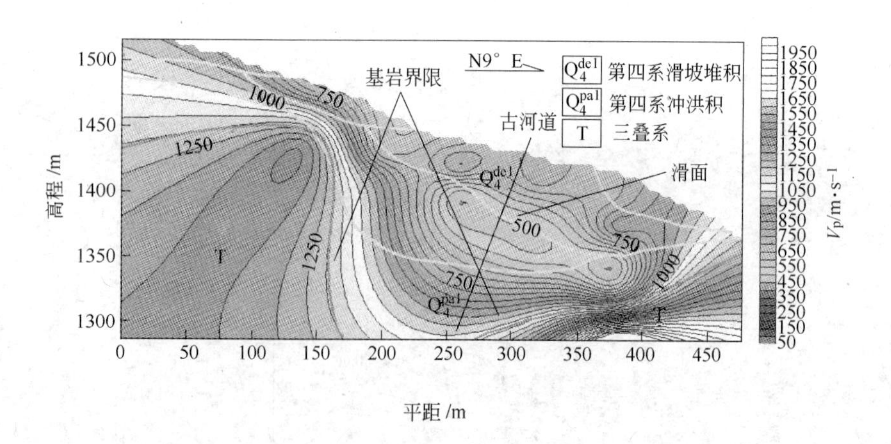
N9° E
基岩界限
古河道
滑面
Q_4^{del} 第四系滑坡堆积
Q_4^{pal} 第四系冲洪积
T 三叠系
高程 /m
平距 /m
V_p/m·s^{-1}

(b)

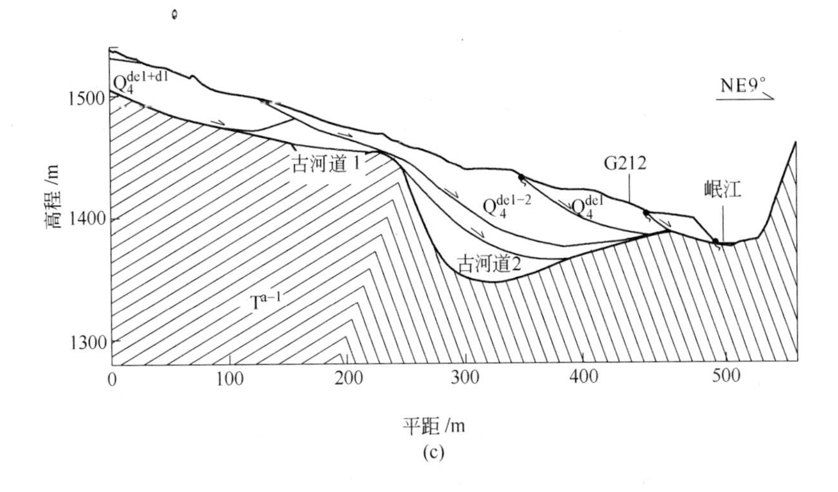

图 4-8 秦峪滑坡 C_1 区 2-2′地质剖面图

（a）多道瞬态瑞利面波勘测成果；（b）浅层反射地震波勘测成果；

（c）主剖面地质图

4.2.2 物理力学性质

在勘查阶段，在滑坡 C_1 区沟谷及河床滑带位置（见图 4-7）采取滑带原状土，进行了室内物理力学性质试验，同时，为研究不同状况下和不同滑动阶段滑坡的性态，采取了多种试验方法，试验结果见表 4-3 ~ 表 4-7。

表 4-3 秦峪滑坡 C_1 区滑带土颗分试验成果

样号	各粒组百分含量/%					d_{60} /mm	d_{30} /mm	d_{10} /mm	C_u	C_c	命名
	<0.005mm	<0.075mm	0.075 ~ 2mm	2 ~ 20mm	>20mm						
QY01	19.22	57.85	14.24	20.63	7.18	0.120	0.011	—	—	4.59	含砂砾中亚黏土
QY02	3.12	63.24	18.51	15.54	2.71	0.036	0.015	0.011	3.36	0.58	含砂亚黏土
QY03	—	50.09	31.38	18.53	0	0.268	—	—	—	—	砂质粉土

表 4-4 秦峪滑坡 C_1 区滑带土物理性质试验成果

样号	基本物理性质						稠度状态			
	比重 G_s	天然含水率 w_0/%	饱和度 S_r/%	天然密度 ρ_0/g·cm^{-3}	干密度 ρ_d/g·cm^{-3}	孔隙比 e_0	塑限 P/%	液限 L/%	塑性指数 I_P	命名
QY01	2.707	14.9	114.531	2.30	2.00	0.352	14.5	33.9	23.2	CL
QY02	2.725	16.5	107.760	2.24	1.92	0.407	16.5	42.7	26.2	CL
QY03	—	—	—	—	—	—	—	—	—	—

表 4-5 秦峪滑坡 C_1 区滑带土力学性质试验成果

样 号	压缩系数 $a_{1\text{-}2}$/MPa^{-1}	压缩模量 E_s/MPa	内聚力 c/kPa	内摩擦角 ϕ/(°)	残余内聚力 c_r/kPa	残余内摩擦角 ϕ_r/(°)
QY01	—	—	34.92	20.05	15.05	8.94
QY02	0.13	10.401	105.79	20.36	65.00	19.30
QY03	0.13	10.902	—	—	—	—

表 4-6 秦峪滑坡滑带土 1996 年力学性质试验成果

样 号	内聚力 c/kPa	内摩擦角 ϕ/(°)	残余内摩擦角 ϕ_r/(°)
1	0.022	23.7	21.0
2	0.021	20.8	19.1

表 4-7 秦峪滑坡 C_1 区滑带土不同试验条件下力学性质试验成果

样号	试验条件		内聚力 c/kPa	内摩擦角 ϕ/(°)	残余内聚力 c_r/kPa	残余内摩擦角 ϕ_r/(°)
QY01	固 结	不排水	70.53	18.77	36.19	19.59
		排水	97.44	23.45	56.76	21.98
	不排水固结	不排水	114.03	12.59	99.76	11.90
		排水	95.93	13.43	74.86	12.56

此外，应用面波和浅层地震反射勘探的成果，对秦峪滑坡 C_1 区 2-2′地质剖面的动弹性参数进行了反演[49]，反演结果见表 4-8。

表 4-8 秦峪滑坡 C_1 区 2-2′地质剖面动弹性参数反演成果

分层		密度 ρ /kg·m^{-3}	横波波速 V_s /m·s^{-1}	纵波波速 V_p /m·s^{-1}	泊松比 μ	动剪切模量 G_d /MPa	动弹性模量 E_d /MPa	动泊松比 μ_d
1	Ⅰ$_1$ 塑流滑坡体	2240	344	—	0.37	265	726	—
2	Ⅰ$_2$ 滑坡体	2300	498	1089	0.35	570	1540	0.37
3	Ⅲ$_1$ 滑坡体	2240	315	831	0.37	222	609	0.42
4	Ⅱ$_1$ 滑坡体	2300	410	1190	0.35	387	1044	0.43
5	Ⅲ$_2$ 滑坡体	2240	335	961	0.37	251	689	0.43
6	古河道 1 堆积	2500	742	972	0.3	1376	3579	—
7	软弱带	2707	968	—	0.25	2537	6341	—
8	古河道 2 堆积	2500	569	1513	0.3	809	2104	0.42
9	风化基岩	2707	1157	1416	0.25	3624	9059	—
	完整基岩	2725	2118	2281	0.2	12224	29338	—

4.2.3 微地貌特征

4.2.3.1 后壁

Ⅱ$_1$ 滑坡后壁被Ⅲ$_1$ 滑坡覆盖，当滑坡活动强烈时有横向裂缝产生，后壁顶点高程为 1480m，平面上弧形切至 1 号沟。

Ⅲ$_1$ 滑坡被Ⅰ$_1$ 塑流滑坡覆盖，不出露后壁，因滑坡活动强烈有横向裂缝及横向串状洞穴产生，顶点高程为 1500m。

Ⅲ$_2$ 滑坡现活动强烈且后壁明显，位于国道 212 线右上侧，顶点高程为 1410m，弧顶处壁面产状为 335°∠57°，弧长 160m 左右，后壁为黑色的风化板岩及杂色碎石土，壁直立，表层为厚约 3m 的碎石土（耕地），壁高 5m，在后壁后平台发育横向裂缝及串状洞穴。

因发育在两侧，Ⅳ$_1$ 和Ⅳ$_2$ 滑坡后壁与侧壁交错分界不明显。

bh_1、bh_2 崩塌后壁明显，bh_1 后侧在老 G212 线上产生大量宽大张裂隙（见图 4-9）。

4.2.3.2 侧壁

C_1 区滑坡的下游侧边界明显，自岷江顺南侧而上，至 1404m 高

(a)

(b)

(c)

(d)

(e)

(f)

图 4-9 C_1 区后壁特征

(a) $Ⅲ_1$ 滑坡后壁横向串状洞穴；(b) $Ⅲ_1$ 滑坡后壁横向裂隙；(c) $Ⅲ_2$ 滑坡后壁；
(d) $Ⅲ_2$ 滑坡后壁横向裂隙；(e) $Ⅲ_2$ 滑坡后壁横向串状洞穴；
(f) $Ⅲ_2$ 滑坡内老 G212 路面上的张裂隙

程路边出现侧壁，向上至1488m高程。侧壁近直立，高约10～15m，最大高度为20m，上部为黄土夹岩碎块，呈微红色，下部为黑色风化板岩，沿其下发育多条不连续的裂缝，并伴有雁行裂缝，以IV_1滑坡下部的一棵槐树根为裂缝沿其间拉开（见图4-10）。

(a)

(b)

(c)

(d)

图 4-10 C_1 区侧壁特征

(a) 侧壁前沿及其下的串状洞穴；(b) 侧壁的崩塌；(c) 后部侧壁树根拉裂 (2004 年 7 月 28 日)；(d) 后部侧壁树根拉裂 (2005 年 10 月 4 日)

4.2.3.3 前缘出口

在 C_1 区，因前缘发育Ⅲ$_2$ 滑坡及 bh_2 崩塌体，前缘出口不明显，仅在 bh_2 侧有出露，堆积于河床漂砾之上（见图 4-11）。

4.2.3.4 平台

滑坡的每一次滑动均形成相应的平台、前缘陡坎、后缘陡壁（后壁）。在 C_1 区，由于滑坡相互交接和错落，平台发育不完整，仅存在两个大平台。一个高程为 1490m，是由Ⅲ$_1$ 滑坡形成的，坡度较大；另一个高程为 1480m，由Ⅱ$_1$ 滑坡形成，坡度较小。两者均被开

图 4-11　C_1 区前缘出口

垦为耕地。

4.2.3.5　滑面

C_1 区是一个多期次滑动的组合，每次滑动均形成相应的滑面。在 1 号冲沟右侧壁及岷江右岸可见次级滑面。2005 年 10 月，$Ⅲ_2$ 滑坡滑动见到其后侧滑面，滑面产状为 335°∠57°，从擦痕判断，其滑动方位为 171°（见图 4-12）。

因受坍塌和后期次级滑坡的影响，其他次级滑面显现不明。

4.2.3.6　冲沟

C_1 区上游侧发育 1 号冲沟，滑坡内无支沟，但在其左侧山坡发育 5 条支沟。

1 号冲沟下部切穿秦峪滑坡，向上发展到 $Ⅲ_1$ 滑坡底部后顺秦峪滑坡上游侧壁延伸，沟道狭窄，呈 V 字形，沟床比降大，沟深为 3 ~ 15m，边坡崩塌严重，有“天生桥”。1 号冲沟的上游侧，河床至 $Ⅲ_1$ 滑坡底部残留 $Ⅰ_2$ 滑坡的堆积，在沟侧发育 $Ⅱ_3$ 滑坡及崩塌体 b_{12}。$Ⅲ_1$ 滑坡底部至沟顶为三叠系 T^{a-1} 的板岩、薄层灰岩、千枚岩，为坡积覆盖；下游侧为滑坡体，沟侧发育 $Ⅳ_2$ 滑坡和 b_{11}、b_{13} 两处崩塌，同时在 $Ⅰ_1$、$Ⅲ_1$ 前沿沟侧发育 q_7、q_{10} 两处泉，沟底发育 q_{11} 泉一处，该泉仅为渗水。

4.2.3.7　裂缝

C_1 区裂缝非常发育，且主要集中在下游侧壁及 $Ⅲ_2$ 滑坡周围，

图 4-12 C_1 区Ⅲ$_2$ 滑坡的滑面及其下侧的泉 q_{12}

其中侧壁的裂隙可延至 C_1 区顶部，并随时间的不同而不同（见图 4-5），主要是因为 C_1 区蠕滑强度随时间分布不均所致，强度大时出现，强度弱时裂缝被填埋。Ⅲ$_2$ 滑坡周围的裂隙主要为Ⅲ$_2$ 滑动、bh_1 崩塌所致。

4.2.4 地下水与植被

C_1 区内共有 5 眼泉水，其中，Ⅰ$_1$ 滑坡下部出露 q_7 泉，其高程为 1503m，可判定为Ⅲ$_1$ 后缘所在；Ⅲ$_1$ 号滑坡下部出露 q_{10} 泉，为Ⅲ$_1$ 滑坡前缘所在；Ⅱ$_1$ 滑坡内出露 q_{12}、q_{13} 泉，其中 q_{12} 为Ⅲ$_2$ 所致，q_{13} 为崩滑体 bh_2 所致。

C_1 区内植被不发育，均已开垦为耕地。

5 滑坡地质过程分析

5.1 概述

滑坡作为斜坡破坏的一种形式和结果，是在内外应力及人类活动因素的综合作用下，在早期侵蚀夷平面的基础上发展形成的。与所有自然现象一样，具有形成、演化、发展和消亡的过程。在整个发展过程中，其实就是一个从稳定状态变化到失稳滑动，再达到新的稳定状态的过程，始终以稳定性的变化为主线。目前的稳定性状态只是演化过程中的一个片段，同时，也是过去发展历史的结果、体现及将来发展变化的起点和先兆，并记录了过去演变的历史信息。

因此，只有用地质和历史的观点来对现有的现象及赋存条件进行研究，才可以从全过程及内部作用机理上掌握变形破坏的演变规律，才可对滑坡稳定性现状及今后的发展趋势做出科学合理的评价和预测。

地质过程研究的目的在于阐述从形成到消亡的整个过程及其物理力学本质和规律，进而为准确预测预报滑坡和有效防治滑坡提供理论基础。由于地质构造和作用因素的多样性和复杂性，滑坡地质过程具有多样性和复杂性，不仅仅是简单的力学过程，也是较复杂的物理化学作用的过程。因此，力学分析必须以地质学为基础，首先根据滑坡的地形地貌形态、地质条件和滑坡变形破坏的基本规律，参考滑坡区外围地质环境，追溯再现滑坡演变的全过程，并以此为基础建立地质力学模型，进而对滑坡演变全过程进行定量模拟，最后对滑坡稳定性评价与发展演化趋势作出预测，即系统工程地质分析[47]。

不同类型的滑坡，其形成条件和影响因素不同，演化机理相应也不同，产生的滑坡特征和性质也不同；同一类型的滑坡甚至同一滑坡，在不同的演化阶段，其特征也大相径庭。因此，只有用系统演化的观点，将滑坡演化的整个过程分解成若干个阶段，通过研究各个阶段从斜坡的形成、变形和破坏、到滑坡的产生，才可能较合理地解释滑坡产生的原因及演化的全过程，并更好地判断当前所处的演化阶段和状态，同时，结合影响因素及其可能的变化特征，预测滑坡未来的演化趋势。

滑坡的演化受控于其依存的地层岩性、地质构造、沟谷（河谷）的演变及气候环境。秦峪滑坡作为一个滑动次数多、经历时间长（从上更新世晚期至今）、彼此叠置交错的成因复杂的滑坡组合体，是在特有的地质背景下形成的。

秦峪滑坡 A 区的岩性是反倾厚层状灰岩，为其产生弯曲拉裂提供了条件；B 区为反倾薄层软弱易风化岩层，为产生蠕滑拉裂提供了条件；C 区滑床岩性同 B 区，不同的是其上堆积了厚层的滑坡堆积物，这种岩性决定了在强风化带或古滑坡的滑带极易形成连通的滑面，为发育大型堆积土滑坡提供了的条件。

秦峪滑坡区位于葱地-秦峪-铁家山逆冲断层带内，且断裂带下盘为复理褶皱带，前期的多次地质构造运动导致本区岩石破碎，这为产生大型堆积土滑坡提供了物质条件。但是岩石的破碎仅仅提供了产生滑坡的必要条件，如果没有滑坡发育的空间存在，破碎的岩土体仍然是一个稳定的岩土体，此时河谷及沟谷的发育程度及展布直接关系到滑坡的发育，而河谷及沟谷的发育一方面与新构造运动有关，另一方面还与其发育期间的气候环境直接相关。青藏高原的隆升，岷江的逐渐形成并不断发展，为斜坡岩体的变形和破坏塑造了地形条件，同时，也在物质、构造和地形地貌上为本区多期大型滑坡的产生提供了重要条件。

秦峪滑坡区的地质过程分析首先是对滑坡区河谷地貌演化作初步探讨，其后基于区域地质环境调查研究和前人研究成果，通过对滑坡区工程地质环境、滑坡特征、坡体结构及各滑坡之间的相互交切关系的分析，并结合滑坡区岷江河谷的演化，分解为 4 个阶段对秦峪滑坡的演化过程进行探讨。

5.2 河谷地貌演化

研究区内对滑坡有影响的河流只有岷江，岷江是长江的三级支流，为长江流域的侵蚀区。自喜山期以来秦峪滑坡区的地壳一直处于上升状态，岷江的发育起源于该区域上Ⅳ级夷平面形成之后，在流经秦峪滑坡区时，受控于葱地-秦峪-铁家山逆冲断层，流向由南北向转向为南东向，流穿断层带之后转为南西向，平面上呈一之字形。这种流向使岷江从发育初期就在为秦峪滑坡营造临空面，营造临空面的速度受控于岷江的下切速度，岷江的下切速度受控于岷江的水量，而岷江的水量又受控于当时的气候环境。

在岷江发育的开始时期，秦峪滑坡区正处于间冰期-雨期，期间滑坡区气候湿热或潮湿，由于雨量大、暴雨多，岷江水量大、侵蚀能力强，加上本区是长江流域的侵蚀区且地壳处于上升阶段，河流的改造主要以下切为主，此时在滑坡区形成了一级侵蚀基座阶地。期间大约下切了80多米，河流从仇家山流向庙下，高程从1720m下切到1640m，尽管流经断层带，但受时间（短）、空间（小）及岩性（为坚硬的灰岩）限制，仅产生小规模的边坡再造，未形成大规模的滑坡。

在岷江发育后不久，秦峪滑坡区气候环境便由间冰期-雨期转为冰期-旱期，在此期间本区地质构造仍处于上升运动，但由于降雨量大幅度降低，气候变得干旱少雨，岷江水量极少甚至干枯，其改造作用处于停滞状态或极微弱状态。这期间结构松散的马兰黄土堆积在夷平面及先前形成的阶地上，使地面高程上升到1760m，下伏基岩的黄土堆积，一方面为滑坡产生提供了物质条件，另一方面为后期滑坡提供了能量储备。

随后，秦峪滑坡区气候环境再次转为间冰期-雨期，岷江水量增大，下切能力加强，加之黄土极易侵蚀，河流很快从高程1760m下切到1640m，形成临空面，为滑坡产生提供了能量条件。加上间冰期-雨期雨量大、暴雨多，地下水丰富，在地下水作用下，基岩经变形破坏，逐步形成连通面，在暴雨或其他因素（如地震）触发下，发生A区滑坡。

此后，本区地壳的上升，河流的持续下切，气候环境的阶段性重复演变，在A区基础上产生B区滑坡，河流的堵塞改道，形成一个古河道；此后，气候环境及地壳上升的阶段性变化，导致河流阶段性下切和周期性的侧蚀两岸，在B区滑坡前缘形成多级阶地和一处深大河谷，在某一间冰期-雨期，导致B区滑坡复活，埋藏河道，形成C区；到此为止，奠定了本区现有的基本地形地貌和岷江在秦峪-化马段的空间展布[49,52,53]。

5.3 滑坡的演化过程

5.3.1 宗属与时序关系

滑坡的演化过程，既是空间函数，又是时间函数。秦峪滑坡作为一个滑动次数多、经历时间长、彼此叠置交错的成因复杂的滑坡组合体，各级滑坡及崩塌体在空间展布上、时间上存在着相互交错的发展，使滑坡体内杂乱无章。为认识其发展的规律，理顺各级滑坡空间上和时间上的关系显得非常重要：一方面可以使研究思路清晰，另一方面可以反映出滑坡内物质和能量的转换关系，为反演滑坡的演化奠定基础。基于前述的分区、分块研究，对秦峪滑坡内各级滑坡在空间上进行了宗属关系研究，在时间上进行了时序关系研究[51]。

5.3.1.1 宗属关系研究

在滑坡演化中，各级滑坡在空间上存在着联系是必然的，但由于受时间关系的影响，使得空间上存在着交截关系，各级滑坡间在时空上出现了交错现象。为使问题简单化，在不考虑时间概念的前提下，依据地形地貌找出各级滑坡间的继承性关系（父子关系），从而从物源上和空间上获得各级滑坡间的空间和隶属关系。

秦峪滑坡各级滑坡间的宗属关系如图5-1(a)所示。

5.3.1.2 时序关系研究

滑坡的演化是一个时间函数，要研究滑坡的演化就必须建立一个时间概念。时间概念一般有两种，一种为绝对的时间概念，另一种为相对的时间概念，在滑坡中建立时间概念，上述两种方法均可

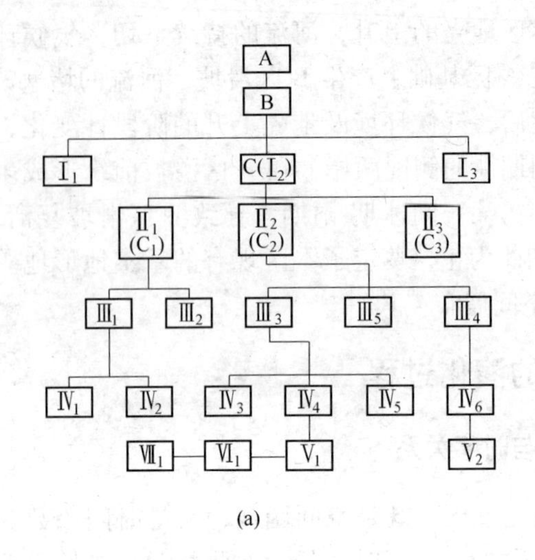

(a)

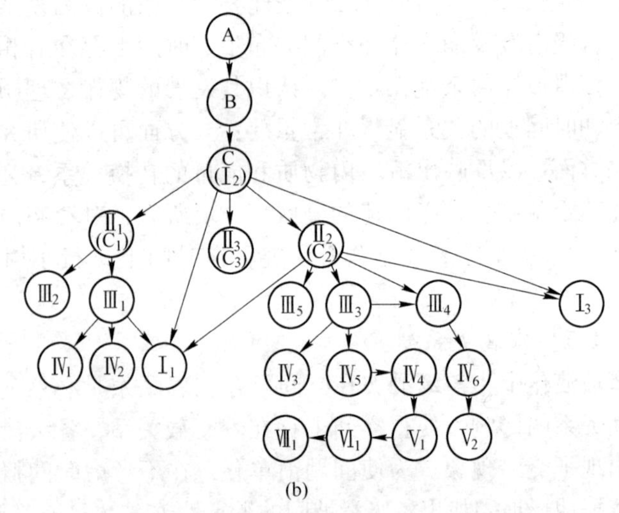

(b)

图 5-1 秦峪滑坡各次级滑坡间的宗属关系

(a) 空间宗属关系；(b) 演化时序关系

行。第一种方法主要通过滑带土的测年实现，第二种方法主要通过各级滑坡间的接触关系、交互关系及交截关系来判断其时间上的先后顺序，从而对滑坡的形成与演化进行了解。第二种方法仅限于在空间上存在接触关系、交互关系及交截关系的滑坡，第一种方法不受此限制，但在排序上必须参照第二种方法，故要认清整个滑坡群的时序关系必须综合上述两种方法。

秦峪滑坡由于未进行滑带土的测年工作，对其时序关系研究，仅能通过第二种方法来实现，并且仅能判断出有接触关系、交互关系及交截关系的滑坡，而不能统一不存在这种关系的滑坡。

秦峪滑坡各级滑坡间的时序关系如图5-1(b)所示。

5.3.2 第一阶段——A区的形成

滑坡演化的第一阶段发生在A区，后缘高程为1780m，因后期破坏，前缘不甚明显，高程大约为1640m。A区横宽280~1500m，纵长约536m，面积约$48\times10^4m^2$。地形后侧较陡，一般坡度为40°~50°，在后缘黄土陡坎近直立甚至反坡，平台一般坡度为15°左右，前缘一般坡度为35°左右。前期属于基岩-黄土滑坡，后期为在前期基础上的崩塌及堆积即黄土滑坡，最早滑坡形成于上更新世晚期到全新世早期。本次大规模滑动以后，堆积于坡前，形成B区的部分物质。前期的基岩-黄土滑坡的变形破坏机制如图5-2所示。

5.3.2.1 斜坡的形成

岷江的演化始于区域Ⅳ级夷平末期，是新构造运动（青藏高原隆升）和气候综合作用的结果。

在岷江发育之初，秦峪滑坡区正处于间冰期，气候湿热或潮湿，由于雨量大、暴雨多，岷江水量大、侵蚀能力强，加之本区处于上升阶段，河流以下切为主，从夷平面（高程1720m）下切近80m而至1640m，并形成侵蚀基座阶地（Ⅴ级阶地）。在此期间，岷江流经葱地-秦峪-铁家山断层带（仇家山至庙下），因临空条件限制和岩性（坚硬灰岩）制约，下切过程中的边坡再造未产生大规模滑坡或崩塌。

在冰期，虽然本区仍处于上升阶段，但由于降雨量大幅度降低，气候干旱少雨，岷江水量较小，边岸改造作用微弱。在此期间，夷平面、Ⅴ级阶地及基岩（$D_2^2g_2$、P_1^a）被数十米厚的黄土（马兰黄土结构松散）覆盖，使仇家山一带地面高程上升到1780m。

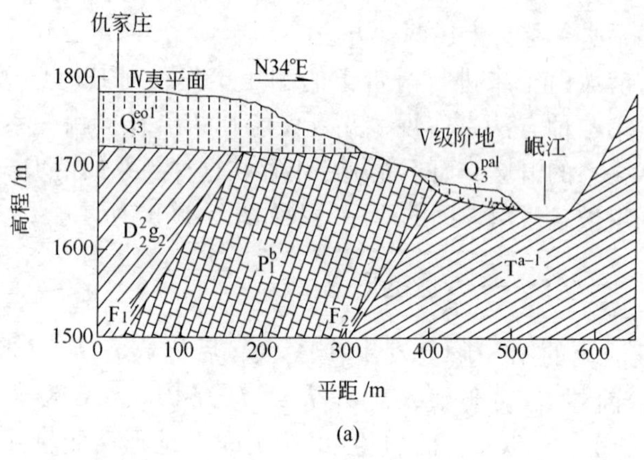
仇家庄
Ⅳ夷平面
N34°E
Q_3^{eo1}
Ⅴ级阶地
Q_3^{pal}
岷江
高程 /m
1800
1700
1600
1500
$D_2^2g_2$
P_1^b
T^{a-1}
F_1
F_2
0
100
200
300
400
500
600
平距 /m

(a)

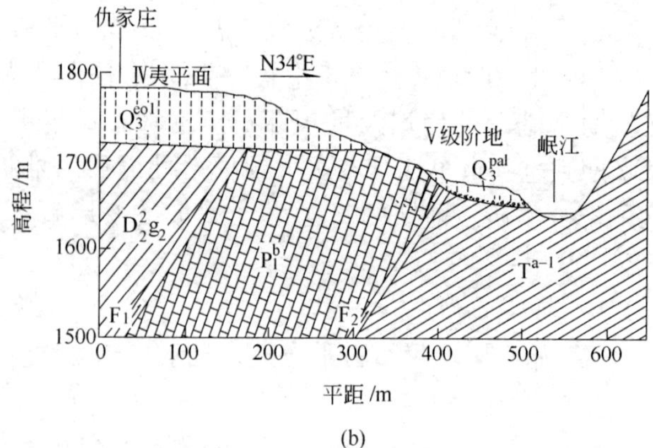
仇家庄
Ⅳ夷平面
N34°E
Q_3^{eo1}
Ⅴ级阶地
Q_3^{pal}
岷江
高程 /m
1800
1700
1600
1500
$D_2^2g_2$
P_1^b
T^{a-1}
F_1
F_2
0
100
200
300
400
500
600
平距 /m

(b)

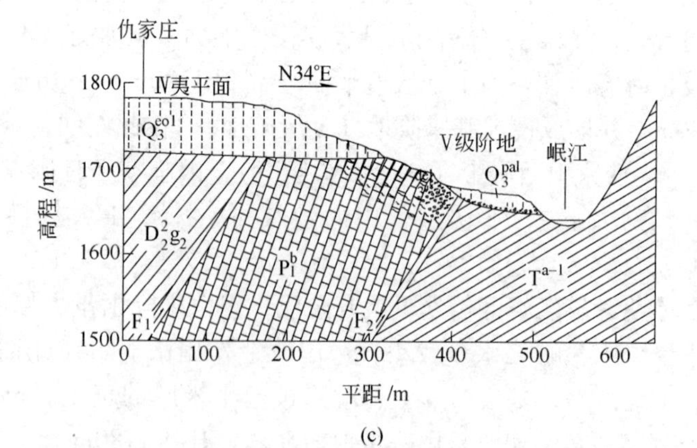
仇家庄
Ⅳ夷平面
N34°E
Q_3^{eo1}
Ⅴ级阶地
Q_3^{pal}
岷江
高程 /m
1800
1700
1600
1500
$D_2^2g_2$
P_1^b
T^{a-1}
F_1
F_2
0
100
200
300
400
500
600
平距 /m

(c)

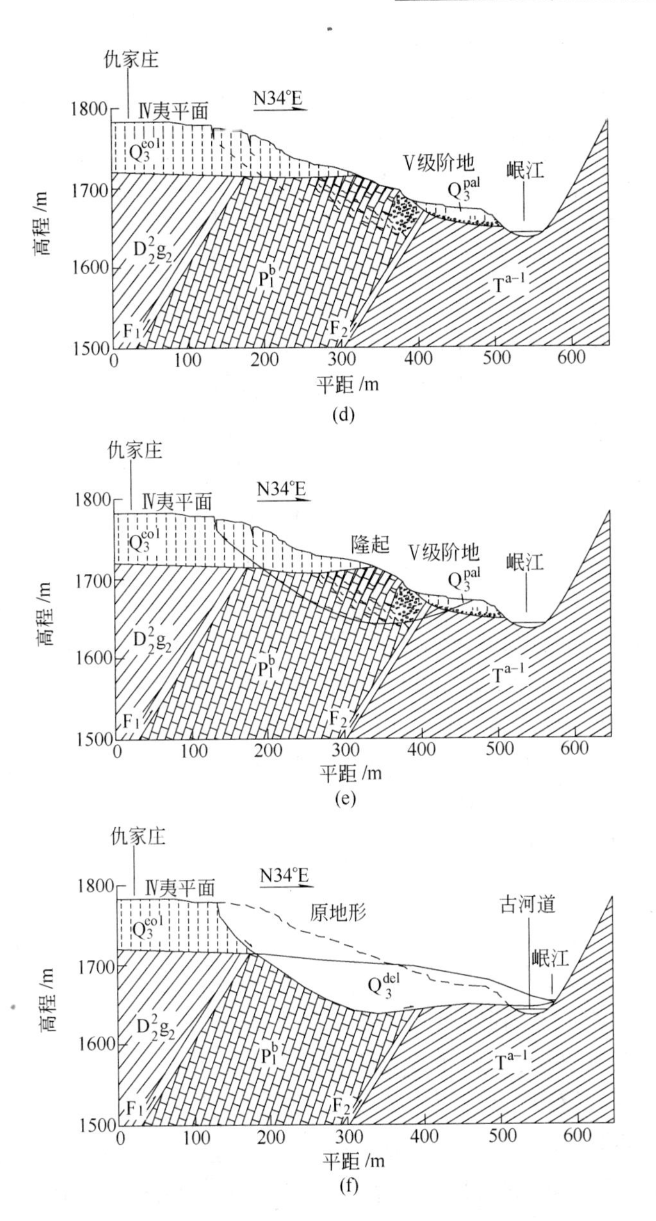

图 5-2 秦峪滑坡 A 区变形破坏演化机理

(a) 原地形;(b) 弯曲-拉裂变形(板梁弯曲);(c) 弯曲-拉裂变形(板梁根部折裂、压碎);(d) 转为蠕滑-拉裂变形;(e) 滑面的形成;(f) 滑动破坏

此后本区再次转为间冰期，岷江下切能力加强，加之黄土及阶地堆积物极易遭到剥蚀，河流从高程1780m再次下切到1640m，形成陡倾内层斜坡(见图5-2(a))。

5.3.2.2 斜坡岩层的弯曲-拉裂

由于地壳上升和岷江强烈下切，在上覆黄土加载及自重作用下，F_2断层和Ⅴ级阶地上部陡倾坡内的层状岩体（灰岩及板岩）发生蠕变和卸荷回弹，岩面拉开，形成板梁。拉开的板状岩体，在自重弯矩的作用下，前缘部分开始向临空面作悬臂梁弯曲，当变形超过岩层的抗变形能力（或弯曲产生的拉应力超过岩层的抗拉强度）时，在弯曲部分局部折断并产生拉张裂缝(见图5-2(b))，同时，层面间的拉裂缝向深部扩展，下部开始出现裂纹，并向坡内发展。

5.3.2.3 斜坡岩层板梁根部的折裂和压碎

由于层状岩体岩性脆，在弯矩作用下，首先在板梁根部产生大于岩体强度的应力，而产生破坏，导致下部岩层首先折裂。而前部的F_2断层带和Ⅴ级阶地堆积物仅能为其提供有限的位移空间，不能使其产生倾倒，加上后面的弯曲和破坏为下部的岩层附加了一个水平应力，使下部岩层易产生破碎，这种作用从下向上累进发展直至Ⅳ级夷平面。同时，由于层面间的相互错动及拉裂，在与基岩弯曲-拉裂对应位置处，黄土自下而上产生压致-拉裂缝，进一步发展为反坡台阶和槽沟，甚至产生崩塌(见图5-2(c))。

5.3.2.4 斜坡变形由弯曲-拉裂转化为蠕滑-拉裂

由于主拉裂面由斜坡的外缘逐步向坡内推移发展，则局部的剪断和压致拉裂也必然是向坡内发展，使弯曲拉裂变形带底部由下往上逐渐形成一个比较连续的具阶状的弯曲-拉裂破碎带，随着这个带的形成，斜坡的变形也转化为蠕滑-拉裂。

弯曲拉裂变形，致使顶部黄土产生拉裂，造成潜在剪应力集中，使最大剪应力带由上往下发展，这实质上是黄土的蠕滑-拉裂变形，但在弯曲-拉裂阶段这种发展最多只能发展至基岩交界面(见图5-2(d))。

5.3.2.5 斜坡的扩容及滑移面贯通

随着弯曲-拉裂转化为蠕滑-拉裂，弯曲-拉裂形成的破碎面与上覆的黄土贯通，这时，黄土体和弯曲-拉裂体形成一个统一的变形体，进行蠕滑变形，两者在经过部分调整后，沿最大剪应力集中带形成潜在的滑移面。这时，由于剪切变形的由上向下持续发展，中部剪应力集中部位被扰动扩容，使斜坡下半部分逐渐隆起，斜坡内的变形体开始发生转动，后缘明显下沉，拉裂面由张开逐渐转为闭合，剪切变形进入累进性破坏阶段，潜在的剪切面逐步被剪断贯通，形成圆弧形的滑面(见图 5-2(e))。

5.3.2.6 滑坡的滑动破坏

滑面形成并不意味着滑坡的形成，必须在一定的诱发条件才可产生滑动，其中水是至关重要的因素：第一可促进蠕滑的发展，第二可通过水岩作用削弱潜在剪切面的抗剪强度，第三滑坡下部地下水的扬压力可降低阻滑力，使其打破平衡状态而滑动。地震作用也可通过施加水平应力和增大地下水的扬压力、超孔隙水压诱发其滑动。

基岩的弯曲-拉裂破碎带、黄土的蠕滑-拉裂面及它们贯通后而形成的拉裂面，有利于地表水入渗，在水岩作用下，拉裂面附近岩体易于软化形成滑面，并加速上部岩体的变形破坏。在某种条件下(如地震、暴雨及洪水)，上部黄土和岩体失稳，切断 F_2 下盘岩体，并从Ⅴ级阶地剪出，产生滑坡(见图 5-2(f))。滑坡埋藏Ⅴ级阶地并堵塞当时的岷江，后壁为圈椅状。虽经后期改造，该地貌仍保留至今。

滑坡滑动之后一段时间内，本区地壳处于一个暂时的稳定状态，岷江以侧蚀为主，滑坡冲挤使岷江主要对对岸进行侵蚀，而使 A 区边坡处于暂时的稳定状态。

5.3.3 第二阶段——B 区的形成

秦峪地区滑坡演化的第二阶段发生在 B 区，为第一阶段的继承与发展。后缘高程 1640m，可见灰岩陡崖，但灰岩风化破碎严重，有擦痕；前缘已为后期滑坡破坏不甚明显，高程大约在 1531m，地形除后缘的滑坡坳陷为后期坡堆积成一平台（已开垦为耕地）外，其他区域均较陡，坡度一般在 50°左右，依据现存滑坡的残迹，可推测其属于基岩滑坡。依据物探资料探测的古河道埋藏深度及对应阶地的对比分析，推测本次滑动发生在Ⅲ级阶地形成之后，大约在全新世中晚期。秦峪滑坡 B 区变形破坏演化机理如图 5-3 所示。

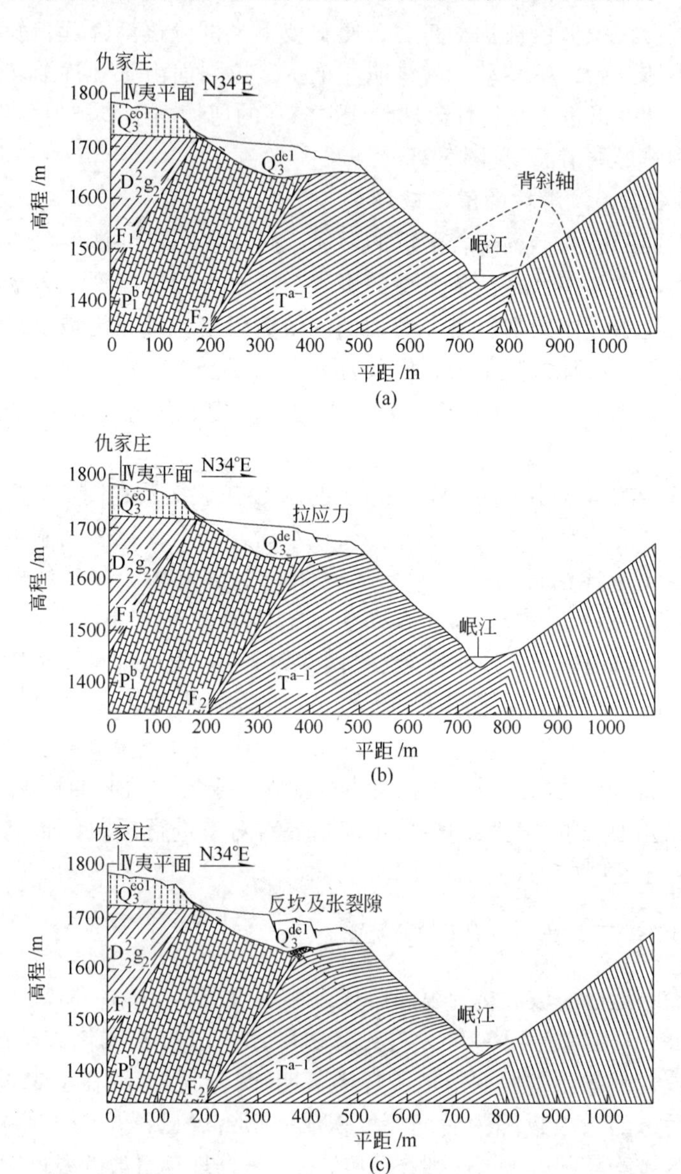

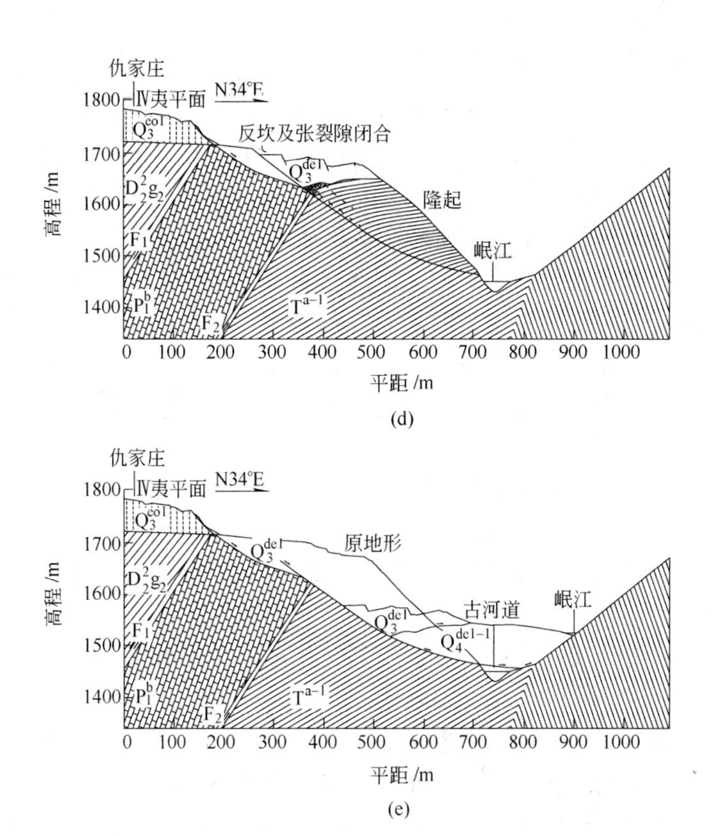

图 5-3 秦峪滑坡 B 区变形破坏演化机理

（a）原地形；（b）表层蠕滑；（c）后缘拉裂及反坎形成；
（d）滑面形成；（e）滑动破坏

5.3.3.1 斜坡的形成

A 区滑坡产生并覆盖Ⅴ级阶地和堵塞岷江，岷江的侧蚀使本段河床扩展而变宽。

随后，地壳持续上升，岷江由侧蚀为主变为下蚀为主，岷江由高程为1610m强烈下切到高程为1460m，形成B区的原始斜坡（见图5-3（a）），此时岷江大致位于官亭群内的背斜轴部。两岸斜坡均由一套倾内的三叠系官亭群的砂质板岩、薄层灰岩及千枚岩组成。

5.3.3.2 斜坡的表层蠕滑

斜坡岩体为薄层状、延性较强、中等倾向的倾内的砂质板岩、薄层灰岩及千枚岩，加之上部为A区古滑坡堆积，表层岩层极易向坡下弯曲，使后缘产生拉应力。同时，由于岩层向坡下弯曲，导致A区古滑坡下伏基岩产生垂向的张裂隙(见图5-3(b))。

5.3.3.3 斜坡后缘拉裂及反坎的形成

随着表层岩层持续向坡下弯曲，使后缘产生的拉应力不断增大并超过岩体的抗拉强度，斜坡后缘的岩层产生拉裂，造成潜在剪应力的集中，促进了最大剪应力带的剪切变形。在后缘，变形使基岩形成反坡台阶，导致上覆A区古滑坡体形成反坎及张裂隙(见图5-3(c))。

5.3.3.4 斜坡的潜在滑移面形成

随着剪切变形的持续发展，中部剪应力集中部位被扰动扩容，使斜坡下半部分逐渐隆起，斜坡内的变形体开始发生转动，后缘明显下沉，拉裂面由张开逐渐转为闭合，剪切变形进入累进性破坏阶段，潜在剪切面逐步被剪断而贯通，形成圆弧形滑面，反坎更加明显(见图5-3(d))。

5.3.3.5 滑坡的滑动破坏

在滑动面贯通后，滑坡处于极限平衡状态，在外部条件的诱发下，潜在的滑坡平衡一旦从一个薄弱环节打破，将引起多米诺效应，发生大规模滑动(见图5-3(e))。

滑坡发生后，A区古滑坡堆积大部分随下部岩体整体下滑，仅在原滑床上残留小部分（见图5-3(d)和图5-3(e))。形成的高陡灰岩后壁，壁顶高程1640m，壁上见擦痕，如今后壁灰岩遭受强烈风化而呈微红色碎块（见图5-4)，残积于A区后部。

本次大规模滑动，发生严重堵江，当时岷江完全被堵塞，河流向左岸迁移(见图5-3(e))，表面波和地震波勘探资料（见图4-8）均证实[49,50]，此处存在较深的古河床。

滑坡堵江使岷江向左岸迁移的同时，也使河水位抬高，从而加剧对两岸的冲刷。左岸的反倾薄层状破碎岩石也遭到强烈侧蚀，以崩塌形式进行岸坡再造；右岸则主要是对既有滑坡的改造，并为滑

(a)

(b)

图 5-4 秦峪滑坡 B 区后壁

(a) 灰岩陡崖；(b) 严重风化及破碎的灰岩

坡后期演化奠定基础。在后期改造作用下，该滑坡前缘不甚明显，依据物探资料（见图 4-8）及其解析的古河道埋藏深度[49,50]，推测其前缘出口高程约为 1531m。

受岷江下切和侧蚀以及后期滑动的影响，现今所在 B 区仅为当时滑坡的部分残留体，横宽约 140 ~ 310m，纵长约 270m，残留面积约为 $8\times10^4m^2$。

5.3.4 第三阶段——古滑坡复活

秦峪滑坡地质演化的第三阶段发生在 C 区，是在河流下切及前缘变形等作用下的古滑坡复活，是第二阶段的继承与发展。后缘两侧被后期的塑流滑坡覆盖而不甚明显，中间残留的垅脊后部为坡积覆盖且见倾向山内的滑面，推测后缘高程大约为1560m。前缘除脊垄在河床陡坎处有出露，其他均已为后期滑坡破坏，而不甚明显，其高程大约在1370m，与现代河床高程相当。滑坡堆积物横宽200～1685m，纵长约1495m，面积约$1.41\times10^6m^2$，地形除前缘较陡以外一般均较缓，30°左右，平台宽大平缓，大多已开垦为耕地。依据两个较大的稳定的残留脊垄及平台高程推测，该滑坡形成于全新世晚期，早期为一次统一的大滑坡，在经历了后期沟谷及次级滑坡改造后形成现状。该滑坡属于强风化层岩床堆积土滑坡，为古滑坡的复活，滑面位于强风化层内或古滑带内，滑带为黑色或黄绿色板岩风化的碎屑土。秦峪滑坡C区演化机理如图5-5所示。

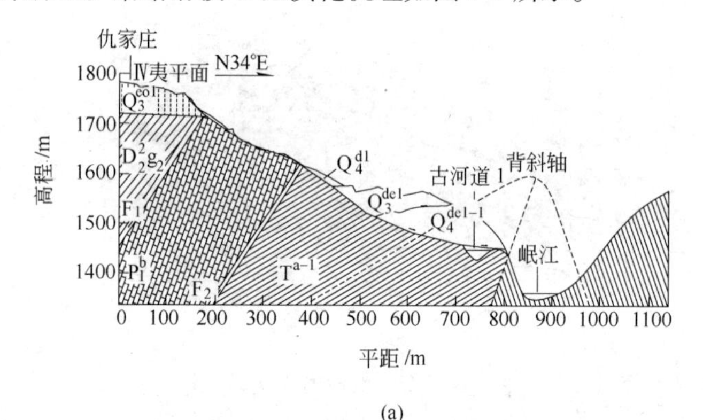

(a)

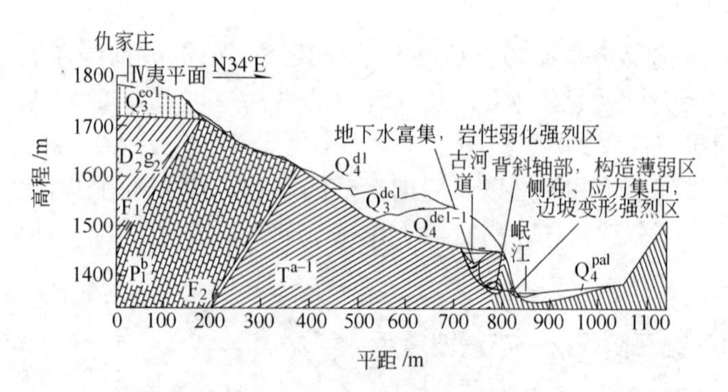

(b)

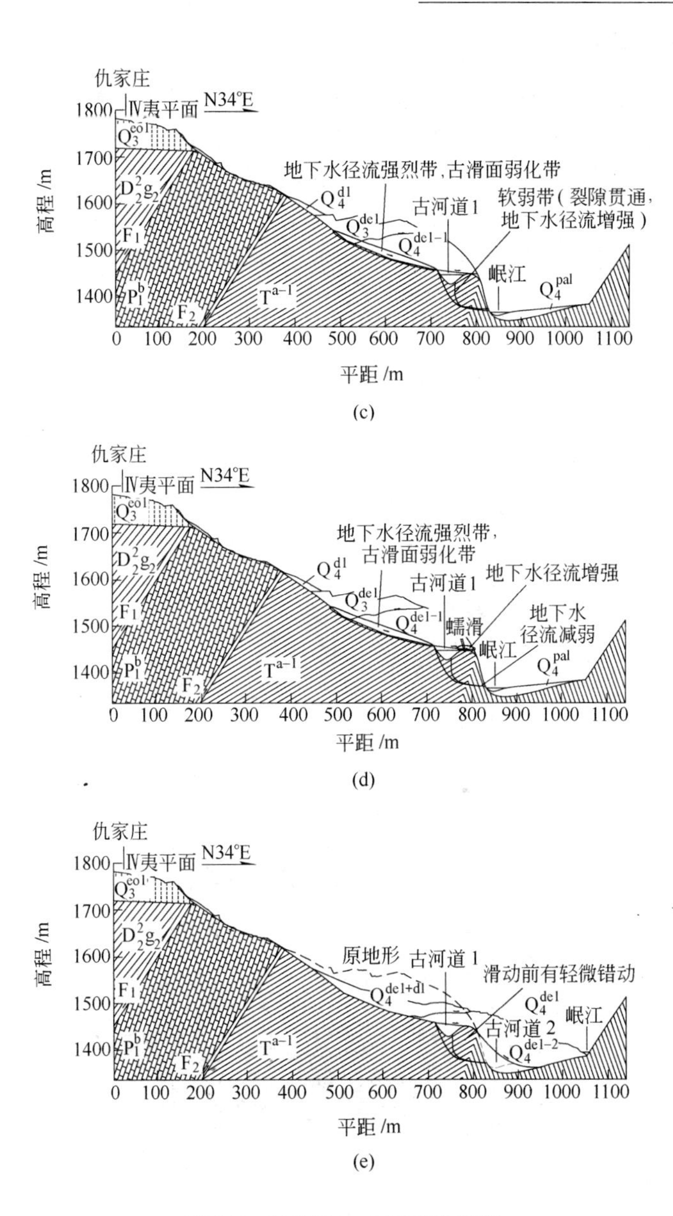

图 5-5 秦峪滑坡 C 区演化机理

(a) 原地形;(b) 岷江堆积与岸坡侧蚀;(c) 软弱带的形成;(d) 上覆基岩的蠕滑;(e) 古滑坡的复活

5.3.4.1 斜坡的形成

B 区滑坡滑动之后，由于严重堵江，将岷江推向对岸，对其进行侧蚀，使河谷扩宽，随后在两岸边坡崩塌的影响下，岷江周期性地对两岸进行侧蚀。在岷江对两岸侧蚀的同时，由于地壳持续上升，岷江强烈下切，特别是当岷江对左岸侵蚀时，由于本段的岩层产状为顺倾，岩层根部被切断，导致渐进式的、小规模的崩滑频繁发生，使斜坡演化进程加快，很快形成了 C 区的原地形（见图 5-5(a)）。

5.3.4.2 岷江堆积与岸坡侧蚀

古代三国栈道遗迹（见图 5-6）及物探资料探测的古河道低于现河床[49]的现象表明，本区曾经历了一次地壳的快速上升或侵蚀基

(a)

(b)

图 5-6 古代三国栈道遗迹
（a）秦峪滑坡下游；（b）邓邓桥

准面的快速下降，使岷江右岸快速下切，形成一个V字形河谷。在古代三国时期之后，本区地壳转为下降或侵蚀基准面转为抬升，使河流处于堆积阶段，河床因堆积而抬高至现河床高程。这时，河流以侧蚀为主，河流的侧蚀作用使河谷进一步变宽(见图5-5(b))。

当岷江向下侵蚀到古河床（古河道2）高程时，本区地壳活动处于一个稳定时期或地壳活动与侵蚀基准面的活动处于一个平衡的阶段（侵蚀基准面平稳期），使河床以侧蚀为主，本段的岩层产状为顺倾，在岷江的淘蚀作用下，崩塌严重，很快使河道堆积到现在的基岩面高程。由于崩塌所致，这时，河流主要对左岸进行侧蚀，使河谷拓宽，为滑坡滑动提供了空间。

此时，河流的侧蚀、河谷底部的应力集中，在右岸易形成一个边坡变形强烈区；古河道1为河床及古滑坡堆积物，物质结构松散，透水性强，极易富水，加之径流强度极弱，几乎处于静止状态，这为水岩作用提供了条件，也为古河床下的板岩弱化提供了条件，从而易形成一个岩性弱化区；在两个古河道间存在一个背斜轴，背斜轴本身就是一个岩性薄弱区。总之，以上这三个区的存在是软弱带形成的特殊的地质背景(见图5-5(b))。

5.3.4.3 软弱带的形成

边坡变形强烈区、岩性弱化区和岩性薄弱区内三种营力的共同作用，使三个区的裂隙贯通，加上B区古滑坡体内的地下水径流，促使了软弱带的形成，与此同时，在滑坡前缘，地下水的径流强烈带将逐步由古滑坡出口转向软弱带，为潜在滑面的形成提供了可能的条件(见图5-5(c))。

5.3.4.4 上覆基岩的蠕滑

随着软弱带逐渐形成，其上覆基岩在自重和地下水作用下，开始向临空面蠕滑。蠕滑的结果，一是使古滑坡沿径流强烈带向下蠕滑，形成实际意义上的剪切滑面，但此时前部阻滑段抗滑能力强(地下水径流强度弱所致)，而不会使古滑坡滑动；二是由于软弱带的蠕滑，使其压密，透水性减弱，地下水径流强烈带逐步由软弱带转向古滑坡前缘，径流强度在软弱带由强变弱，而在古滑坡前缘(阻滑段）则由弱变强(见图5-5(d))。地下水径流在阻滑段加强，一方面将导致超孔隙水压的加强而使抗滑强度减弱，另一方面可通过扬压力的加大而使压应力减弱进而导致阻滑力减弱。

5.3.4.5 古滑坡的复活

河流的旁蚀及其引起的局部顺层滑移、前缘阻滑段地下水径流作用加强而导致抗滑强度减弱以及前缘的变形，使上覆古滑坡大规模复活。古滑坡物质越过古河道（物探成果表明，该古河床至今仍然在，并被埋藏)，从前缘前出，堆积于当时的岷江河床，形成 I_2 号滑坡(见图 5-5(e))。在滑坡体中上部可见本次活动遗留的滑面，滑面倾向山内（见图 5-7)。

(a)

(b)

图 5-7 古滑坡复活携带的 A 区物质

(a) A 区残留微红色碎石堆积；(b) A 区残留的滑带

本次滑动规模较大并堵塞岷江，掩埋河道，并将岷江挤向左岸(见图2-2和图3-13)。物探资料也显示，滑坡前的古河道被掩埋。至此，奠定了秦峪滑坡的基本格局。

5.3.5 第四阶段——滑坡的解体

C区滑坡形成后(见图5-5(e))，由于滑坡体与两侧山脊落差加大，而且A区扇形地貌具有较大的汇水面积，坡面洪水下切能力增大，分别在滑坡体两侧各形成一个深大冲沟，即上游1号冲沟和下游3号冲沟。因严重堵江，岷江向左岸迁移，在冲刷左岸反倾薄层状岩体岸坡的同时，也加剧对右岸滑坡前缘的冲刷。

在上述两种冲刷力的综合作用下，滑坡开始其后期演化。首先在其两侧形成了两个大型堆积土滑坡，即C_1区的$Ⅱ_1$滑坡和C_2区的$Ⅱ_2$滑坡，其中C_1区1号冲沟左侧还有小滑坡$Ⅱ_4$。两个大滑坡后缘均在1500m左右，前缘至1370m左右，滑坡方向分别转向岷江偏上游和岷江偏下游。

两侧滑坡（$Ⅱ_1$和$Ⅱ_2$）相对快速滑动后，在其中间残留相对稳定的脊垅（C_3）。

5.3.5.1 C_2区的形成机制

A 3号冲沟的形成与水文地质条件的改变

C区$Ⅰ_2$滑坡滑动后，地壳基本处于下降和稳定状态，此时岷江对两岸产生淘蚀并扩展河道。

本区经过多次的滑坡改造，在地貌上形成一个相对独立的水系，河流冲沟极其发育，在C_2下游形成3号冲沟。3号冲沟形成后，C_2区形成相对独立的水文体系，沿基岩面、古滑面及新滑面形成三层泉，上部的泉水又渗透到地下成为底部径流的补给，在岷江沿岸形成三层统一的排泄区，径流强度以下部的为最强。3号冲沟和岷江为C_2区滑坡形成提供了临空面(见图5-8(a))。

B 古滑坡体的蠕滑-拉裂

C_2区前缘及侧壁，受岷江及3号冲沟冲刷而产生临空面，C区古滑坡体在自重及地下水作用下，向临空面蠕滑，在第二层泉（高程为1500m）附近产生张裂缝(见图5-8(b))，它的产生加大了地表

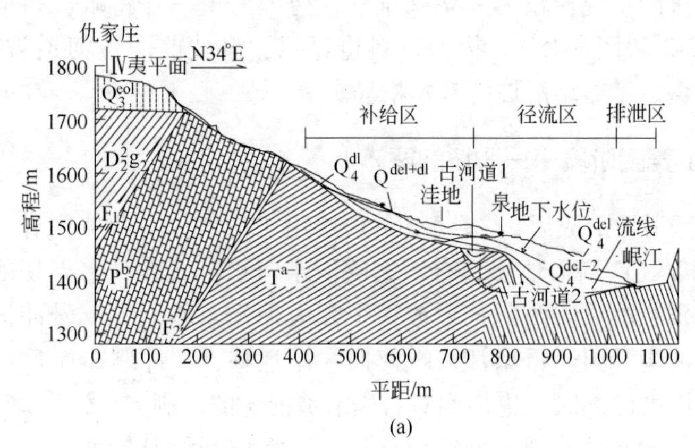

仇家庄
Ⅳ夷平面
N34°E
补给区
径流区
排泄区
Q_3^{eol}
$D_2^2g_2$
F_1
P_1^b
F_2
T^{a-1}
Q_4^{dl}
Q^{del+dl}
古河道1
洼地
泉
地下水位
Q_4^{del}
流线
Q_4^{del-2}
岷江
古河道2
高程/m
平距/m

(a)

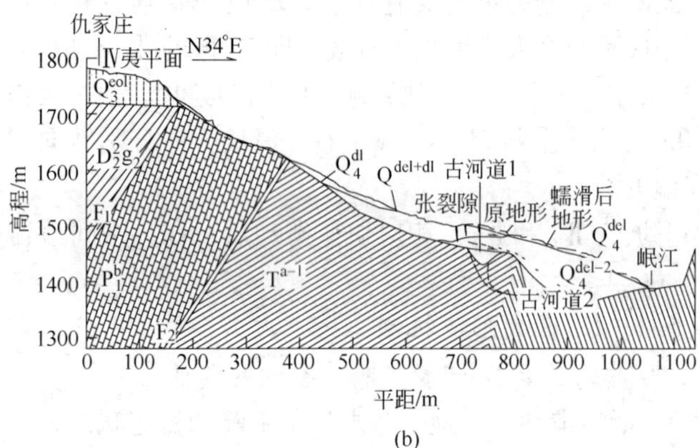

仇家庄
Ⅳ夷平面
N34°E
Q_3^{eol}
$D_2^2g_2$
F_1
P_1^b
F_2
T^{a-1}
Q_4^{dl}
Q^{del+dl}
古河道1
张裂隙
原地形
蠕滑后
地形
Q_4^{del}
Q_4^{del-2}
岷江
古河道2
高程/m
平距/m

(b)

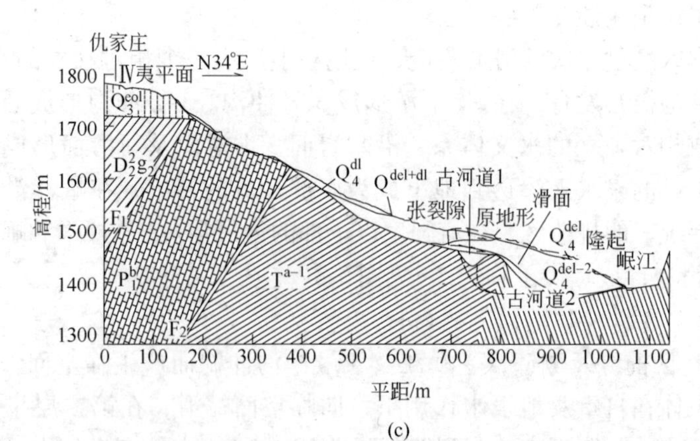

仇家庄
Ⅳ夷平面
N34°E
Q_3^{eol}
$D_2^2g_2$
F_1
P_1^b
F_2
T^{a-1}
Q_4^{dl}
Q^{del+dl}
古河道1
张裂隙
原地形
滑面
Q_4^{del}
隆起
Q_4^{del-2}
岷江
古河道2
高程/m
平距/m

(c)

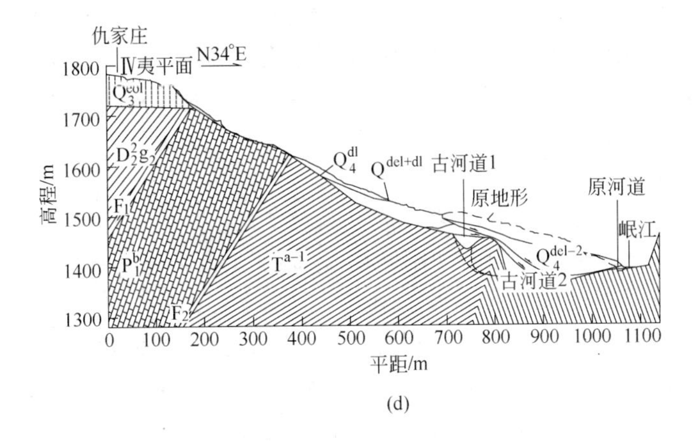

(d)

图 5-8 秦峪滑坡 C_2 区 Ⅱ$_2$ 滑坡的演化机理

（a）古滑坡体水文地质背景；（b）古滑坡体蠕滑-拉裂；

（c）滑坡形成；（d）Ⅱ$_2$ 滑坡的滑动破坏

水的下渗，同时下渗力使剪应力带加速向下转移，促使滑面的形成，随着滑面的形成，张裂缝将闭合，中部滑坡体将隆起，同时在上部形成一洼地(见图 5-8(b))。

C Ⅱ$_2$ 滑坡的产生

滑面形成后，在降水作用下诱发并产生Ⅱ$_2$ 滑坡(见图 5-8(c))，滑动方向由 NE21°转为 NE72°。本次滑坡规模较大，也导致当时的岷江被堵而向对岸移动(见图 5-8(d))。

Ⅱ$_2$ 滑坡属堆积体的蠕滑-拉裂滑坡。因受后期次级滑坡的破坏，C_2 区原始前缘和后缘出露不太明显，但侧壁较明显，后缘高程大约在 1510m，前缘高程大约在 1370m。滑坡横宽约 314 ~787m，纵长约 467m，面积约 $33\times10^4 m^2$。除上游侧河岸坡陡以外，其他均平缓，平台一般坡度为 15°左右，前缘一般坡度为 25°左右，整个滑坡均已开垦为耕地。

5.3.5.2 C_1 区的形成机制

A 1 号冲沟的形成与岷江的冲刷

C 区Ⅰ$_2$ 滑坡滑动后，C_1 区因 1 号冲沟的形成而形成相对独立的水文体系，在滑坡后缘凹部（现Ⅰ$_1$ 塑流底部）及河床形成两层泉水，上层泉排泄后入渗到地下又补给下层泉水（见图5-9(a)）。由于本区位于上游，它直接受岷江的强烈冲刷。总之，1号冲沟的形成和由此引起的水文地质条件的改变以及岷江对古滑坡体前缘的强烈冲刷，为 C_1 区滑坡的后期演化提供了动力和新的地貌条件（临空面）。

B 古滑坡体的蠕滑-拉裂

受岷江及1号冲沟的冲刷，在 C_1 区前沿及侧壁形成临空面，C区古滑坡体在自重及地下水作用下，向临空面蠕滑，由于上部为A区滑坡的残积，岩性为灰岩碎石土，而下部为强烈风化的板岩碎屑堆积，在其接触前缘（1480m）产生张裂缝，张裂隙产生后，使剪应力集中并向下部转移，发展至中部后变形体扩容，斜坡下部分隆

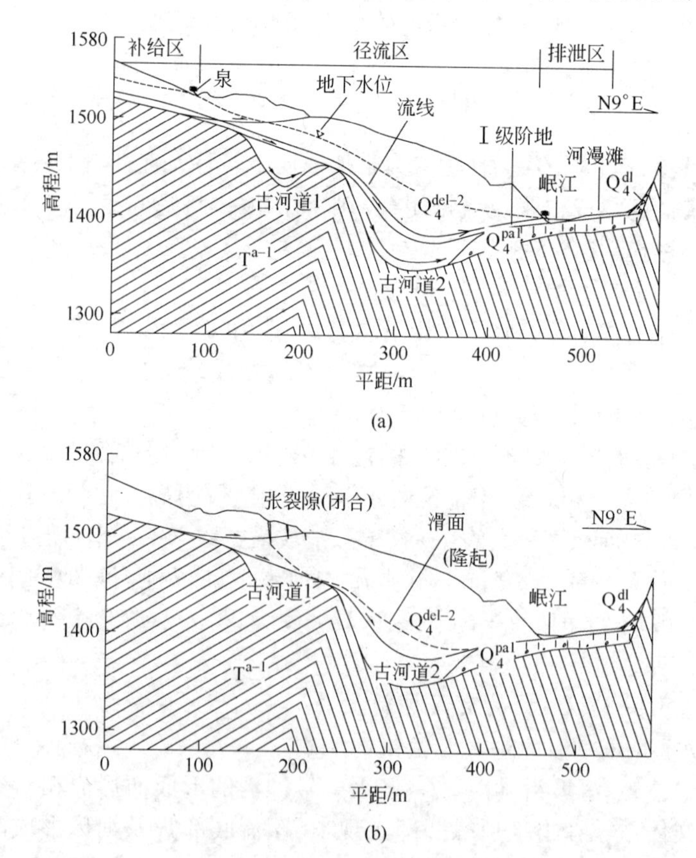

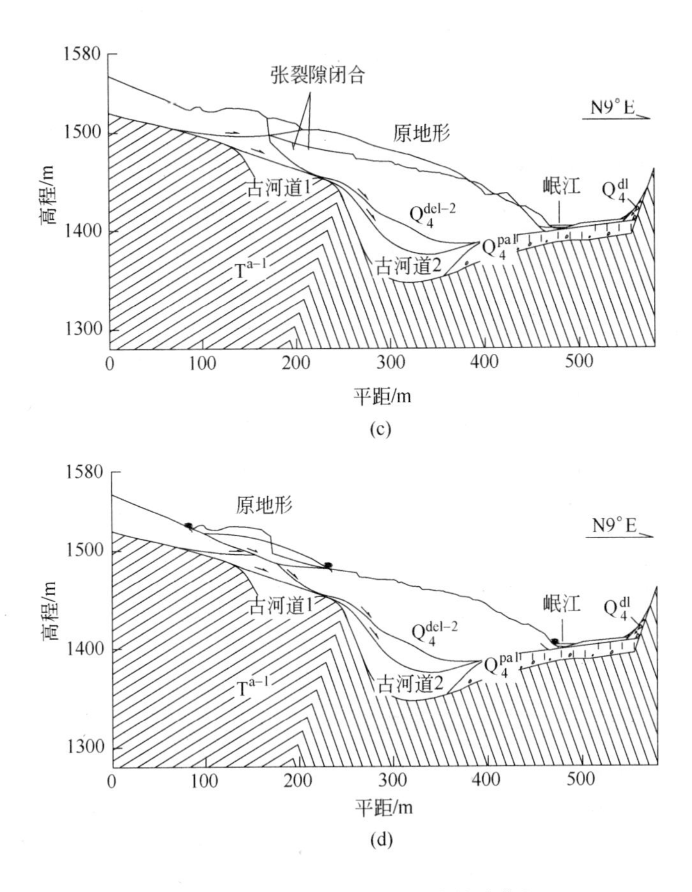

图 5-9 秦峪滑坡 C_1 区 Ⅱ$_1$ 滑坡的演化机理

(a) 1 号冲沟的形成与岷江的冲刷；(b) 古滑坡体蠕滑-拉裂；

(c) Ⅱ$_1$ 滑坡的滑动破坏；(d) 后缘的牵引滑动

起，此时，变形体开始转动，后侧的张裂缝闭合，蠕滑拉裂进入累积性破坏阶段(见图 5-9(b))。

C Ⅱ$_1$ 滑坡的滑动破坏

蠕滑拉裂进入累积性破坏阶段后，一旦潜在的剪切面贯通，在其他因素的诱发下滑动，产生 Ⅱ$_1$ 滑坡(见图 5-9(c))，滑动方向由 NE21°转向 NW351°。滑动后，在后壁下形成一凹地，并出露一泉(现 1 号冲沟与小路交汇处)。

D　后缘的牵引滑动

Ⅱ$_1$ 滑坡形成后，在其后部形成一个孤立的山包，其在Ⅱ$_1$ 滑坡的牵引下产生Ⅲ$_1$ 滑坡(见图5-9(d))。

受上部Ⅰ$_1$ 塑流滑坡覆盖，C_1 区后缘不甚明显，但在蠕滑后，后缘横向裂缝发育（见图4-5），后缘高程为1500m。前缘大部分为Ⅲ$_1$ 滑坡破坏，但在其下游侧有出露，并可见滑面，高程大约为1370m。C_1 区横宽约60～195m，纵长约388m，面积约$6\times10^4m^2$，地形上部及G212以下较陡，其他部分平缓且已开垦为耕地。

5.3.5.3　C区前缘的坍塌与小型滑坡

因岷江对前期形成滑坡前缘的淘刷，C区前缘河岸再造，不断崩塌，并最终导致较大规模滑坡的产生，如C_1 区的Ⅲ$_2$ 滑坡和C_2 区的Ⅲ$_3$、Ⅲ$_4$ 滑坡（见图4-1和图4-5）。这三个次级滑坡的产生，引起其后Ⅱ$_1$ 和Ⅱ$_2$ 滑坡的进一步活动，尤其是Ⅱ$_1$ 滑坡。与此同时，由于Ⅱ$_1$ 滑坡的活动以及上游冲沟和侧壁的形成，再加之Ⅰ$_1$ 滑坡的塑流加荷，Ⅲ$_1$ 滑坡也随之活动（见图5-10）。

5.3.5.4　既有滑坡的分解活动

在C_1 区，Ⅱ$_1$ 及由此引起的Ⅲ$_1$ 滑坡的活动，并在Ⅲ$_1$ 东西两侧产生沿临空方向的滑动（Ⅳ$_1$、Ⅳ$_2$）。

在C_2 区，Ⅲ$_3$、Ⅲ$_4$ 交错滑动，在Ⅲ$_4$ 形成后Ⅲ$_3$ 切穿Ⅲ$_4$ 形成Ⅲ$_3$

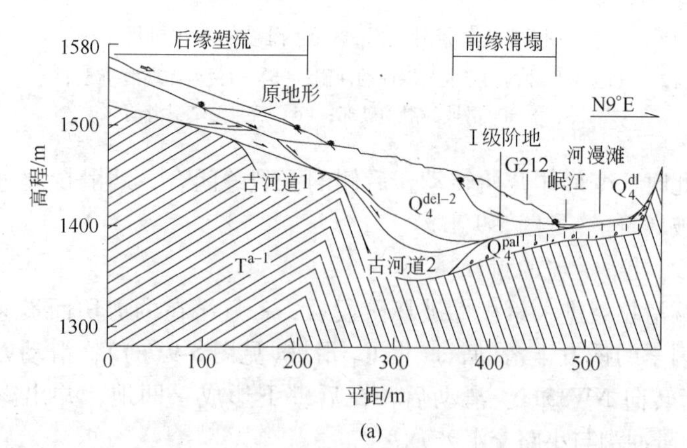

(a)

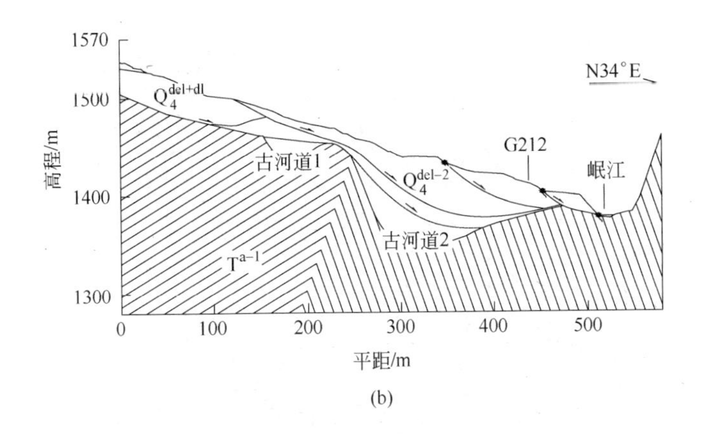

(b)

图 5-10 秦峪滑坡 C 区前沿的进一步分解

(a) C_1 滑坡后缘塑性流堆积及前缘；(b) C_2 滑坡的多次分解

滑坡，在$Ⅲ_3$ 发育$Ⅳ_3$、$Ⅳ_4$、$Ⅳ_5$ 三个滑坡，其中$Ⅳ_5$ 切穿$Ⅳ_4$ 发育，在$Ⅳ_4$ 前缘相继发育$Ⅴ_1$、$Ⅵ_1$、$Ⅶ_1$ 三个滑坡。

在 C 区前缘，岷江淘蚀继续局部坍塌并发生 5 个崩塌体（见图 5-11）。其中 C_1 区前缘崩塌体（bh_1、bh_2）的牵引作用使$Ⅲ_2$ 滑坡的活动加剧，致使公路逐步向下滑移，每年下移近 1.0m；$Ⅲ_2$ 滑坡体内，公路内侧 20m 内裂缝遍布，沿其下游侧边界处，形成连续的剪切裂缝，一直自下而上贯穿整个滑坡侧界，出现槐树因滑坡滑动而劈开的奇特景观（见图 4-10）；沿此裂缝，多见羽状裂缝（长达数十厘米至数米不等）。

在本阶段，人为作用也不可忽视，主要表现在公路的修建（开挖）和维护（取土养路）以及滑坡处理（清坡），使$Ⅲ_2$ 滑坡及$Ⅳ_6$ 滑坡公路内侧发生滑动，形成较长和较宽的拉张裂缝。

经过发展演化之后，奠定了秦峪滑坡现有的基本地形地貌，其中前两个阶段是基础，第三阶段规模最大，对本区的基本地形地貌起决定作用，其后阶段仅是对其的改造。目前，后缘两个塑性流滑坡（$Ⅰ_1$ 和 $Ⅰ_3$）、C_1 区 $Ⅱ_1$ 滑坡及其次级滑坡（$Ⅲ_1$、$Ⅲ_2$、$Ⅳ_1$、$Ⅳ_2$）、前缘的$Ⅲ_5$ 滑坡、下游公路内侧的$Ⅳ_6$ 和$Ⅴ_2$ 滑坡以

图 5-11　秦峪滑坡 C_2 区前缘的崩塌

及前缘崩滑体（bh_1 ~ bh_5）均处于活动状态，尤其是 C_1 区内的滑坡。

5.4　滑坡演化过程的预测

秦峪滑坡经过上述 4 个阶段的发展演化，形成了秦峪滑坡群现有的基本地形地貌，一个以 C 区为主体的一个大型的堆积土滑坡，岷江仍在持续下切，必将导致秦峪滑坡的势能增加，再次应力调整是不可避免的，滑坡的复活从斜坡演化角度来讲是不可避免的。基于现有的状态，$Ⅱ_1$ 滑坡受 1 号冲沟、岷江控制，易形成滑面，加之其前部的次级滑坡牵引，已具备滑动条件，只要有诱发因素，即可再次产生大规模滑坡。$Ⅱ_2$ 滑面尽管在物质结构上具备条件，但滑面不连通及势能储备不足，在滑体内次级滑坡多次分解，一方面释放了势能，另一方面对滑坡进行了自然的加固（压脚削荷），使 $Ⅱ_2$ 目前暂时处于稳定状态。

6 C_1区滑坡地质过程数值模拟

6.1 概述

在秦岭滑坡区及其周边斜坡现场调查基础之上的工程地质分析，可以帮助我们建立形成机制的“概念模型”，它代表了一定阶段、一定程度上对客观规律的理解，但这种认识常常带有人为的因素，认识也有片面性。通过“概念模型”对现有地质特征的拟合，抽象出合理的地质-数学-力学模型，并进行数值分析，一方面验证“概念模型”的正确性和合理性，同时，也从理论上、整体上和内部作用过程上获得对滑坡演化过程的深入认识，在时间上做到对模型的延拓，还可对演化趋势作出预测[2,47]。

以上这种分析就是地质过程数值模拟，其不是单纯的数值计算，而是以工程地质条件原型、“概念模型”建立及岩土体本构模型研究等一系列的工程地质、岩土体力学研究及其测试为基础，采用数值分析方法，求解地质体的变形、位移、应力及破坏状态，从而达到对地质体变形破坏及运动过程的认识。其中，对原型的正确理解，对计算模型合理、正确的抽象是数值模拟的关键[2,17,47]。

地质体变形破坏及运动过程，是一个复杂的动态过程，同时，也是一个小变形的量变积累到大变形的破坏、运动过程。但是，这两个过程目前还没有统一的本构关系，也无法建立统一的数学力学模型，对小变形采用弹塑性和黏弹塑性的本构方程，用有限元法分析，对中等变形一般采用 FLAC 模拟，对大变形问题一般采用基于刚性块体（DEM）或不连续变形模型（DDA）的离散元分析。

现今的秦峪滑坡是一个以 C 区为主体的一个大型的堆积土滑坡，岷江及滑坡体内沟谷的下切及 G212 线削坡，导致秦峪滑坡的势能增加，滑坡的再次肢解是不可避免的。基于滑坡地质过程机制的认识，对特征明显、现活动强烈秦峪滑坡 C_1 区的形成机制及演化过程的数值模拟，不仅对整个滑坡的演化有重要的理论意义，加之该段是G212及兰海高速公路比选线的途经区，对G212改线和兰海高速公路选线无疑有着重要的现实的工程意义。

6.2 形成机制的概念模型

为建立一个既能代表地质体的客观事实，又可以进行数学力学分析及计算机运行的模型，就必须对根据地质体原型所建立的工程地质模型进行合理的抽象、简化和高度的概括，使其突出与概念模型相关的控制性因素，最大限度地剔除不相关的因素，使模型既客观又可行。

为模拟秦峪滑坡B区复发之后，C_1 区前缘岷江下切导致应力场状态的变化，及随时间产生的变形或沿特定结构面的蠕滑，同时，也为了了解滑动面的形成过程及以后高等级公路边坡开挖后的演化，在综合前述对秦峪滑坡 C_1 区的特征介绍和地质过程分析的基础上，同时参考《临洮至罐子沟高速公路预可行研究报告》和《公路路线设计规范》（JTJ011-94）设计出的秦峪滑坡段 C_1 区高等级公路横断面（见图6-1），对秦峪滑坡 C_1 区的变形破坏机制和滑坡的形成过程抽象出如图6-2所示的四个概念模型，图6-2(a)所示为B区复发之后 C_1 区原始坡体概念模型，图6-2(b)所示为 C_1 区潜在滑面形成之后的坡体概念模型，图6-2(c)所示为 C_1 区现在坡体的概念模型，图6-2(d)所示为 C_1 区高等级公路开挖后坡体的概念模型。它们的基本特征如下：

（1）C_1 区滑坡变形破坏的物质基础。秦峪滑坡 C_1 区宏观上由三层物质组成，上层为古滑坡堆积物，中部为古河道的河床相堆积，下层为三叠系官厅群的薄层灰岩及砂质板岩。古滑坡在滑坡体变形和滑动过程中，由于滑坡体变形界面和滑动界面两侧岩土体受力不同，从而使岩土体的密实程度、含水程度不同。一般情况下，滑动界面上覆岩土体趋于松散，渗透能力大，而滑动界面以下岩土体由于受滑体在滑动过程中的挤压作用，密实程度增加，形成古滑坡滑带，并成为相对隔水层；在局部复活和蠕动的滑坡内，滑动界面上

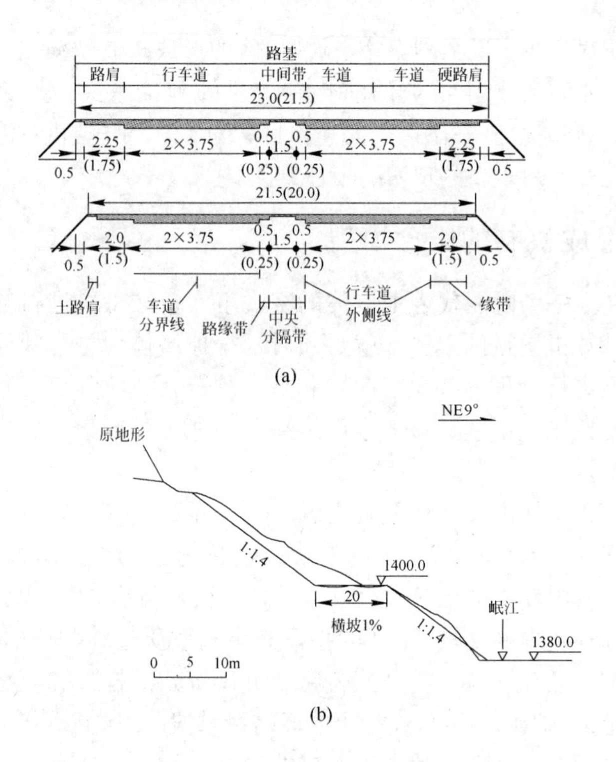

图 6-1　秦峪滑坡 C_1 区高等级公路路基横断面

（a）高等级公路路基标准横断面；（b）C_1 区路基横断面

覆岩土体岩土结构进一步遭到破坏，节理、裂隙更加发育，渗透能力进一步加大，同时，形成相对新的滑带和隔水层。

（2）C_1 区滑坡发生的原因分析。

1）有利于滑坡发生的地形地貌特征。秦峪滑坡 C_1 区原始坡体为呈北东东-南西西向展布的长条体；由于滑坡作用导致水文条件改变，在 C_1 区北侧被 1 号冲沟切割；北东侧为岷江侵蚀下切形成的陡坎。C_1 区原始坡体在以上三面具有临空面。

2）有利于滑坡发生的水文地质条件。1 号冲沟形成之后，秦峪滑坡 C_1 区成为一个相对独立的水文体系，大气降水沿松散的滑坡体物质下渗后沿两层滑面出口形成两层泉（见图 6-1）。在滑面上部，因地下径流强烈，在水和水动力的综合作用下，导致其上部岩土体

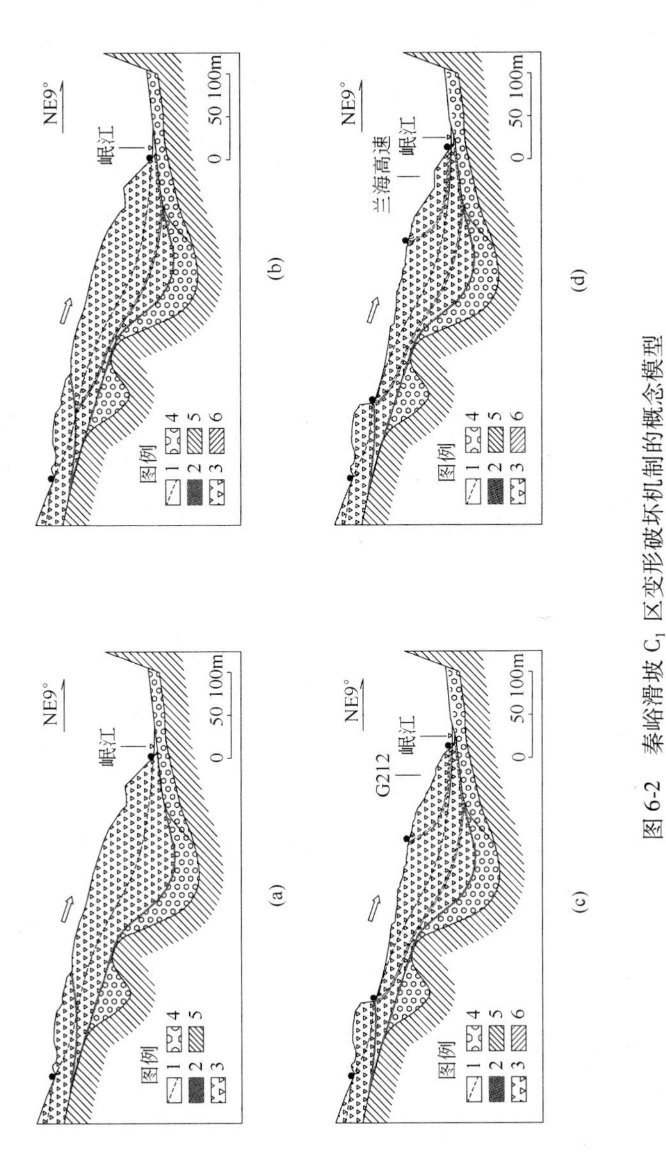

图 6-2　秦岭滑坡 C_1 区变形破坏机制的概念模型

（a）原始坡体；（b）滑面形成后坡体；（c）滑后坡体；（d）公路开挖后坡体

1—地下水水位；2—古滑坡滑带；3—滑坡堆积碎石土；4—河床堆积砂卵砾石土；5—T 砂质板岩；6—滑带

沿流线软化为易滑动的软弱结构面。

3）有利于滑坡发生的触发因素。1 号冲沟及河床两岸的小型崩滑体为滑坡提供了牵引力，本区雨季的高强度短时暴雨是滑坡发生的直接诱发因素，况且前述两种因素基本是同步发生，更利于滑坡发生。本区地处青藏高原东北部西秦岭构造带内的碌曲-成县推覆体和迭部-武都推覆体交汇部位的葱地-秦峪-铁家山逆冲断裂带之内，该断裂带为区域性活动断裂带，同时也处于我国南北地震带中部，地震的诱发也是一个重要因素。

6.3 计算模型的建立

秦峪滑坡 C_1 区的原始坡体为一个古滑坡体，其构造应力场随着古滑坡体的形成已基本释放，C_1 区滑坡的形成过程实际上是一个随着河谷和沟谷下切古滑坡体应力状态进行重新调整的过程，而剪应力状态在松散堆积体内起决定性作用。要了解 C_1 区滑坡形成的本质，就必须要了解 C_1 区原始坡体的应力变化情况，为此，将概念简化为一个力学过程，用弹塑性本构方程来描述。

对于松散岩土体，其受压屈服强度远大于受拉屈服强度，且材料受剪时，颗粒会膨胀，VonMises 屈服准则在这种材料中不适用，而常用 Mahr-coulomb 准则和 Drucker-Prager 准则，其中 Drucker-Prager 准则更能准确描述松散岩土体的强度准则，因此，对 C_1 区滑坡的数值模拟采用 Drucker-Prager 屈服准则[54~61]。

Drucker-Prager 屈服准则是对 Mahr-coulomb 准则的近似，是通过对 VonMises 准则修正，即包含一个附加项。其流动准则既可以使用相关流动准则，也可以使用不相关流动准则，其屈服面不随材料的逐渐屈服而改变，但屈服强度要随侧向压力的增加而相应增加，其塑性行为假定为理想的弹塑性行为[54~59]。Drucker-Prager 屈服准则不考虑温度的影响。

6.3.1 地质结构模型

根据前述“概念模型”抽象出用于实际计算的地质构造模型，如图 6-3 所示，基本保持了实际滑坡坡体的地质构造特征。(a)模型

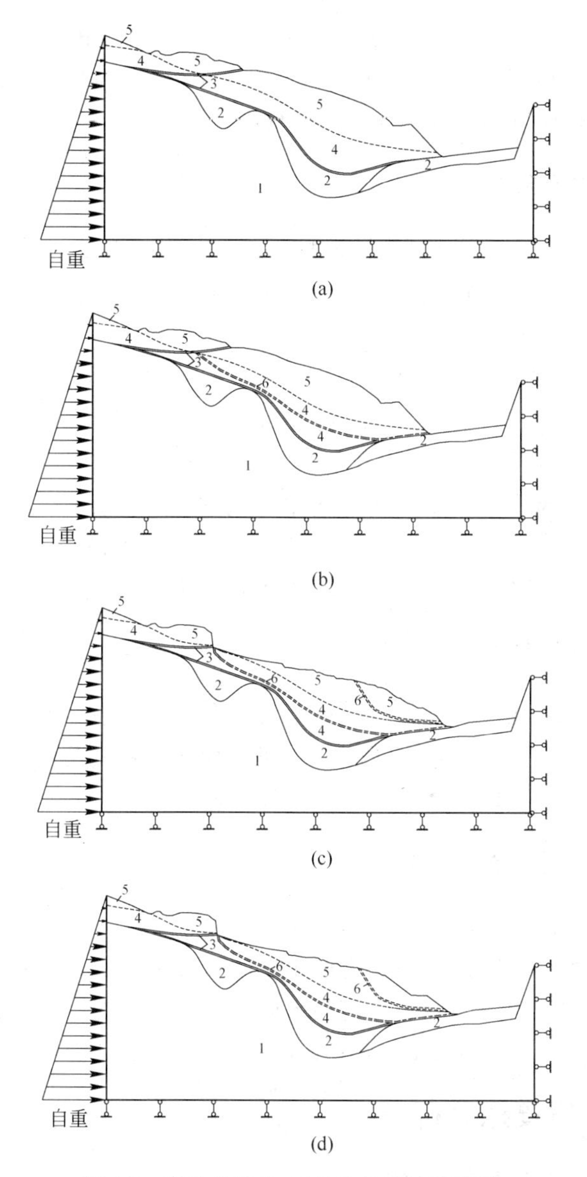

图 6-3 秦峪滑坡 C_1 区地质构造计算模型

(a)原始坡体；(b)滑面形成后坡体；(c)滑后坡体；(d)公路开挖后坡体
1—砂质板岩；2—砂卵砾石土；3—古滑坡滑带土；4—饱和滑坡碎石土；5—滑坡碎石土；6—滑带土

将岩土体的物质组成概括为 5 种类型，(b)、(c)、(d)模型将岩土体的物质组成概括为 6 种类型。为考虑水的影响，特地把滑坡堆积碎石土分为饱和状态和天然状态两类材料。

6.3.2　边界条件

模型边界上部取至 C_1 区滑坡后缘以上约 20m，前部取至岷江对岸约 100m，底部自古河床基岩向下延伸了大约 50m。模型长为 550m，高为 250m。

由于坡体的变形和破坏主要发生在坡体的浅部，加上该坡体为古滑坡体，又处于断裂破碎带内，构造应力在长期的地质过程中已基本松弛殆尽，因此，模型边界不考虑水平构造应力的作用，只考虑自重应力的作用，在模型的上游边界（左边界）施加由自重应力引起的水平侧向应力。岷江对岸边界（右边界）为水平约束，底边界为固定边界，竖向边界为自由边界（见图 6-3）。

6.3.3　物理力学参数

由于试验测试的物理力学指标不完全，部分物理力学参数可直接利用试验测试的分析结果，部分通过物探资料反演、稳定分析反演及工程地质类比法确定[49]，其具体取值见表 6-1。

6.3.4　网格划分

有限元法（FEM）和拉格朗日差分法（FLAC）在分析之前均需要对模型进行离散化[62,63]，为便于对两种方法的数值模拟进行统一的分析对比，把问题统一简化为平面应变问题，把网格单元统一用 2-D 的四边形单元和三角形单元，网格如图 6-4 所示。

6.4　数值模拟分析

6.4.1　有限元法（FEM）

6.4.1.1　应力场特征分析

数值分析得到的各模型斜坡的主应力矢量图、最大主应力（σ_1）、

表 6-1 模型物理力学参数取值

材料		密度 ρ /kg·m^{-3}	弹性模量 E/GPa	泊松比 μ	内聚力 c/kPa	内摩擦角 ϕ/(°)	体积模量 K/GPa	剪切模量 G/GPa	抗拉强度 σ_t /MPa	膨胀角 ψ/(°)	DP 参数		
											q_ϕ	k_ϕ/kPa	q_ψ
1	砂质板岩	2700	9.06	0.25	850	40	6.04	3.62	1.2	0	0.94	956.90	0
2	砂卵砾石土	2500	2.84	0.3	50	27	2.37	1.09	0	2	0.62	60.61	0.04
3	古滑坡滑带土	2270	0.42	0.3	30.76	17.09	0.35	0.16	0	1	0.38	37.64	0.02
4	饱和滑坡碎石土	2240	1.29	0.40	12	38	2.15	0.46	0	0	0.89	13.74	0
5	滑坡碎石土	2210	0.67	0.42	10	42	1.40	0.24	0	0	0.99	11.04	0
6	滑带土	2210	0.22	0.35	15.05	8.94	0.24	0.081	0	0	0.19	18.01	0

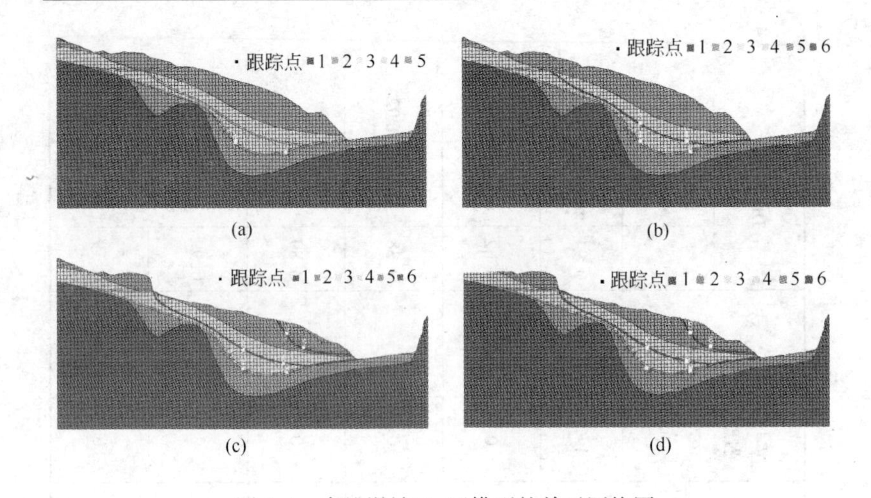

图 6-4 秦峪滑坡 C_1 区模型的单元网格图

（a）原始坡体；（b）滑面形成后坡体；（c）滑后坡体；（d）公路开挖后坡体

1—砂质板岩；2—砂卵砾石土；3—古滑坡滑带土；4—饱和滑坡碎石土；

5—滑坡碎石土；6—滑带土

最小主应力（σ_3）及最大剪应力（τ_1）等值线云图如图 6-5 ~ 图 6-8 所示。

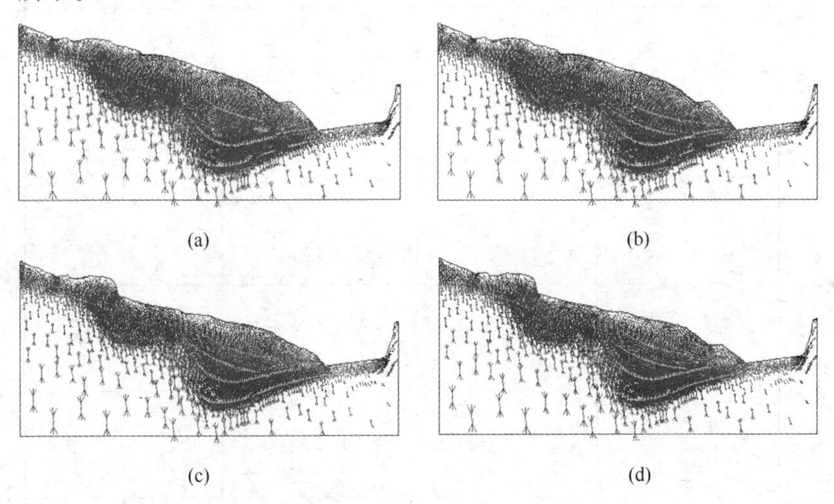

图 6-5 秦峪滑坡 C_1 区主应力矢量图

（a）原始坡体；（b）滑面形成后坡体；（c）滑后坡体；（d）公路开挖后坡体

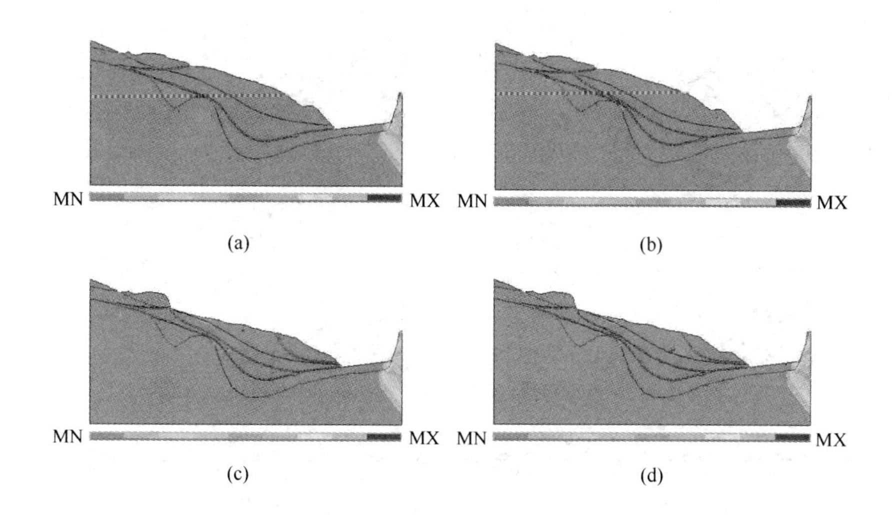

图6-6 秦峪滑坡 C_1 区最大主应力等值线云图

(a) 原始坡体；(b) 滑面形成后坡体；(c) 滑后坡体；(d) 公路开挖后坡体

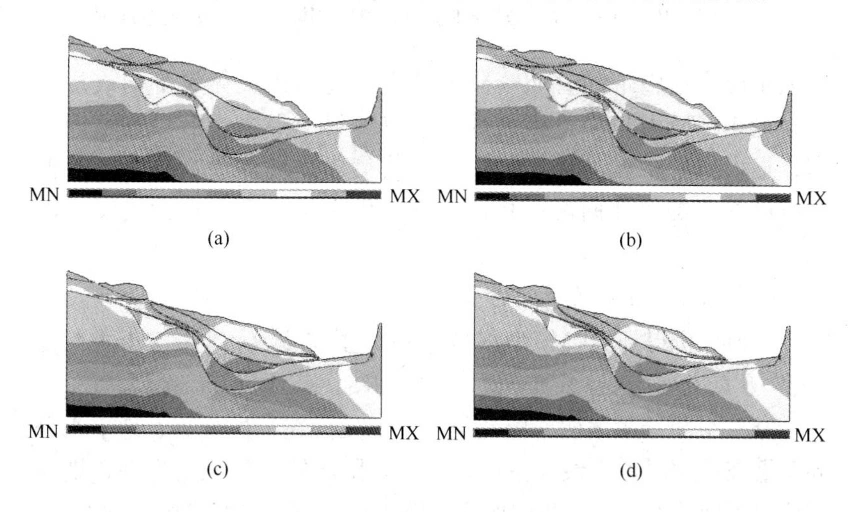

图6-7 秦峪滑坡 C_1 区最小主应力等值线云图

(a) 原始坡体；(b) 滑面形成后坡体；(c) 滑后坡体；(d) 公路开挖后坡体

FEM 分析结果符合斜坡应力场分布的一般规律，在地层分界及潜在滑面附近有明显的应力集中。应力等值线变化梯度表明，

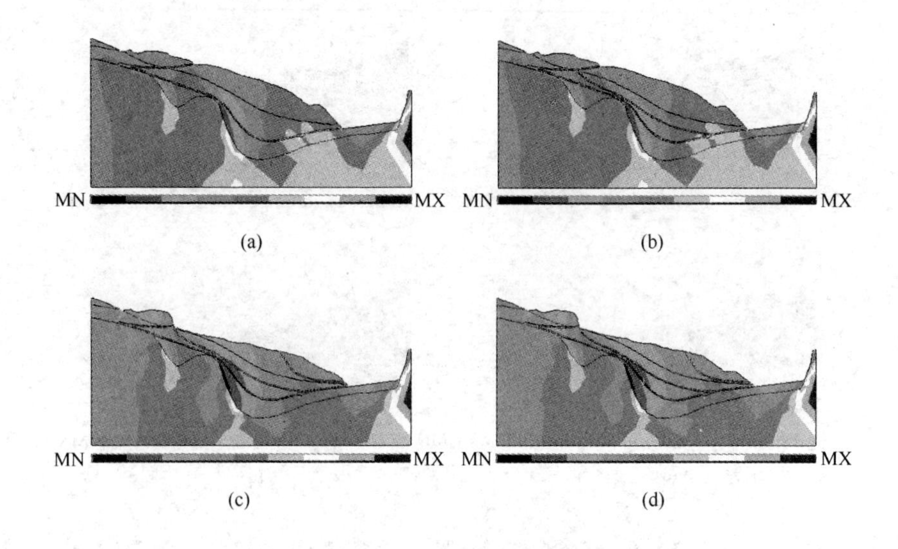

图 6-8　秦峪滑坡 C_1 区剪应力等值线云图

（a）原始坡体；（b）滑面形成后坡体；（c）滑后坡体；（d）公路开挖后坡体

最大主应力集中带随着四个阶段的发展逐渐由坡体深部向表层发育；最小主应力集中带则相反；剪应力集中带主要沿潜在滑面分布，最大值集中在坡体前缘，最小值集中在坡体中后部。随着四个阶段的发展逐渐向两侧扩展，这种应力场的发育规律决定了滑坡体的演化方向。

6.4.1.2　应变场特征分析

数值分析得到的各模型斜坡的最大主应变（ε_1）、最小主应变（ε_3）及最大剪应变（τ_1）等值线云图如图 6-9 ~ 图 6-11 所示。

FEM 分析结果表明，应变集中主要发育在地层分界、地下水分界及潜在滑面附近。最大主应变集中带随着四个阶段的发展逐渐由坡体上部向下部发育，集中区逐渐缩小；最小主应变集中带则相反，剪应变集中带沿潜在滑面分布，最大值集中在坡体前缘，最小值集中在坡体中后部。随着四个阶段的发展逐渐向两侧扩展，应变场分布与应力场分布吻合，符合一般规律，两者共同决定了滑坡体的演化方向。

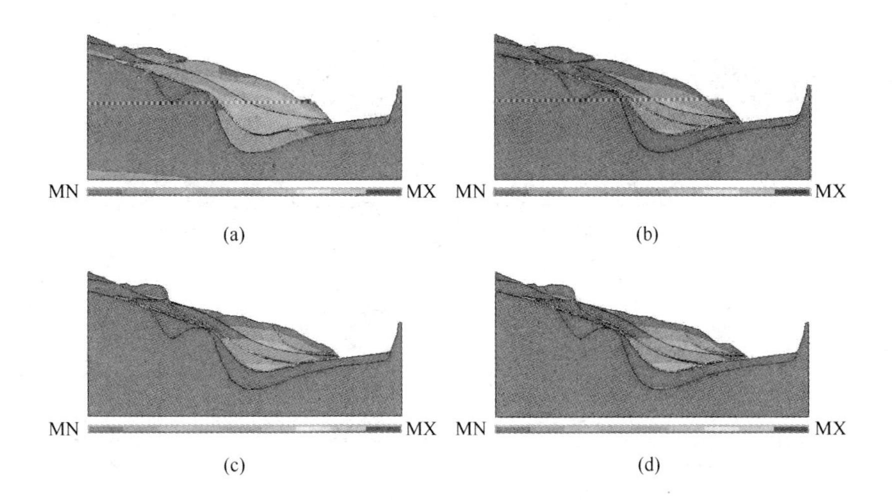

图 6-9 秦峪滑坡 C_1 区最大主应变等值线云图

（a）原始坡体；（b）滑面形成后坡体；（c）滑后坡体；（d）公路开挖后坡体

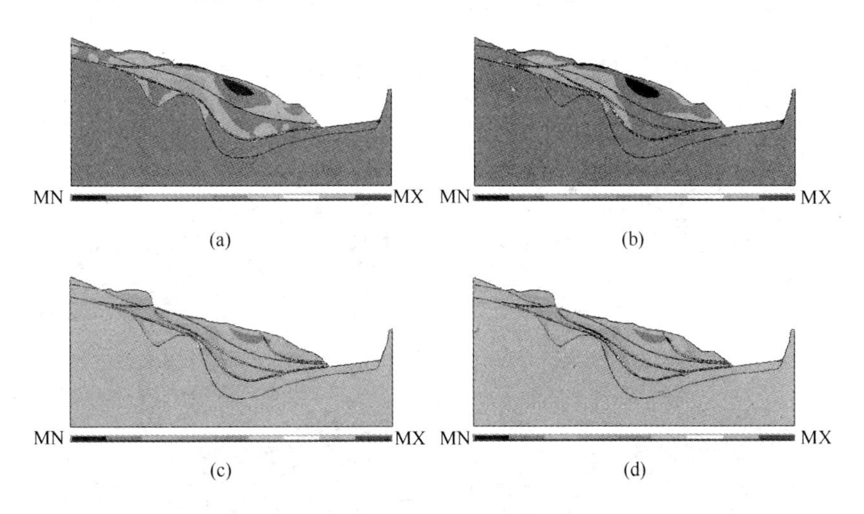

图 6-10 秦峪滑坡 C_1 区最小主应变等值线云图

（a）原始坡体；（b）滑面形成后坡体；（c）滑后坡体；（d）公路开挖后坡体

6.4.1.3 位移场特征分析

数值分析得到的各模型斜坡沿 x 方向的位移（U_x）、沿 y 方向的

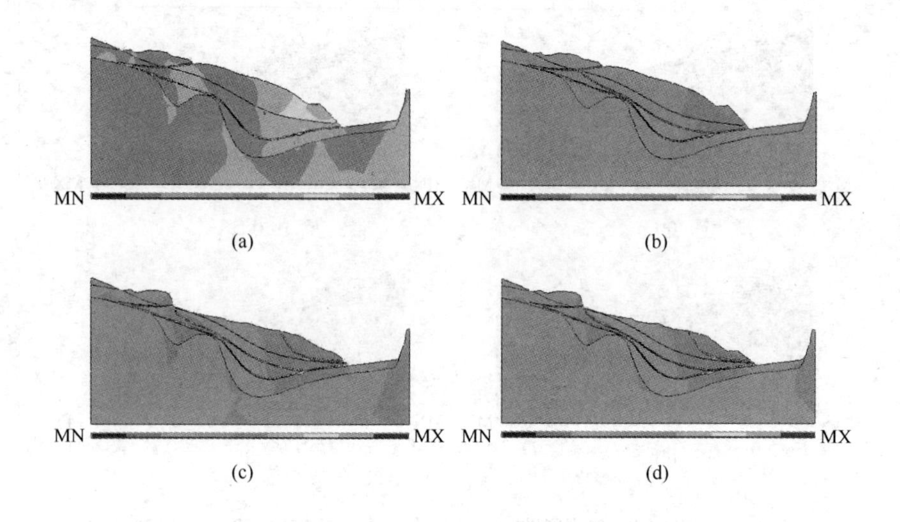

图 6-11　秦峪滑坡 C_1 区剪应变等值线云图

（a）原始坡体；（b）滑面形成后坡体；（c）滑后坡体；（d）公路开挖后坡体

位移（U_y）及总位移（U）等值线云图如图 6-12 ~ 图 6-14 所示。

FEM 分析结果表明斜坡位移随着四个阶段的发展位移量逐渐减

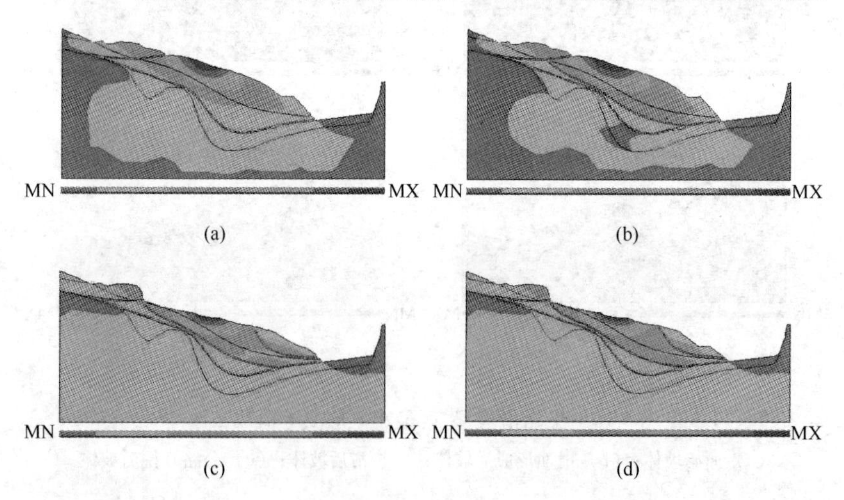

图 6-12　秦峪滑坡 C_1 区 x 方向位移等值线云图

（a）原始坡体；（b）滑面形成后坡体；（c）滑后坡体；（d）公路开挖后坡体

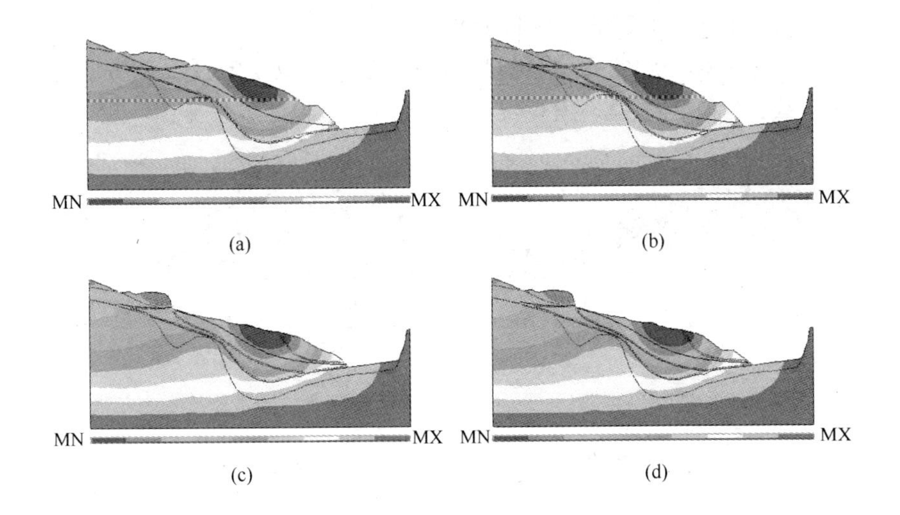

图 6-13　秦峪滑坡 C_1 区 y 方向位移等值线云图

（a）原始坡体；（b）滑面形成后坡体；（c）滑后坡体；（d）公路开挖后坡体

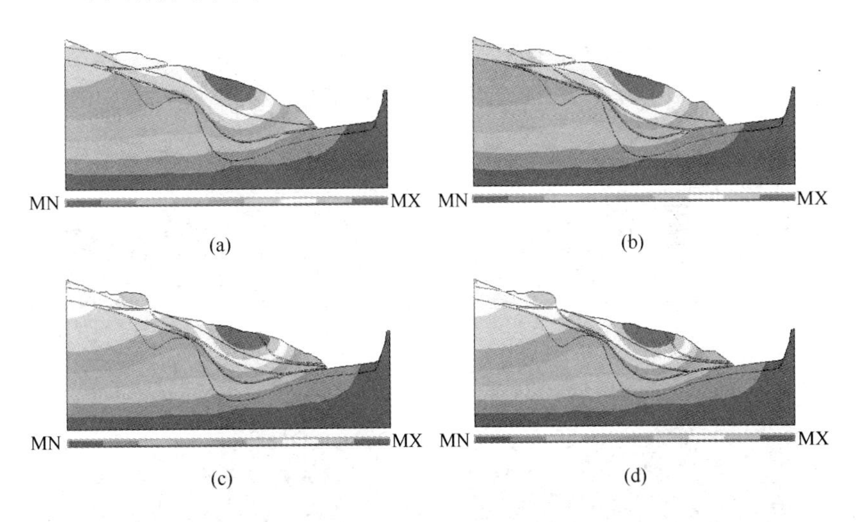

图 6-14　秦峪滑坡 C_1 区总位移等值线云图

（a）原始坡体；（b）滑面形成后坡体；（c）滑后坡体；（d）公路开挖后坡体

小，位移集中带逐渐向下推移，这与实际符合，同时证明了应力场、应变场分析合理。

6.4.1.4　变形破坏特征分析

数值分析得到的各模型斜坡的应力强度、应变强度及应力增量等值线云图如图 6-15 ~ 图 6-17 所示。

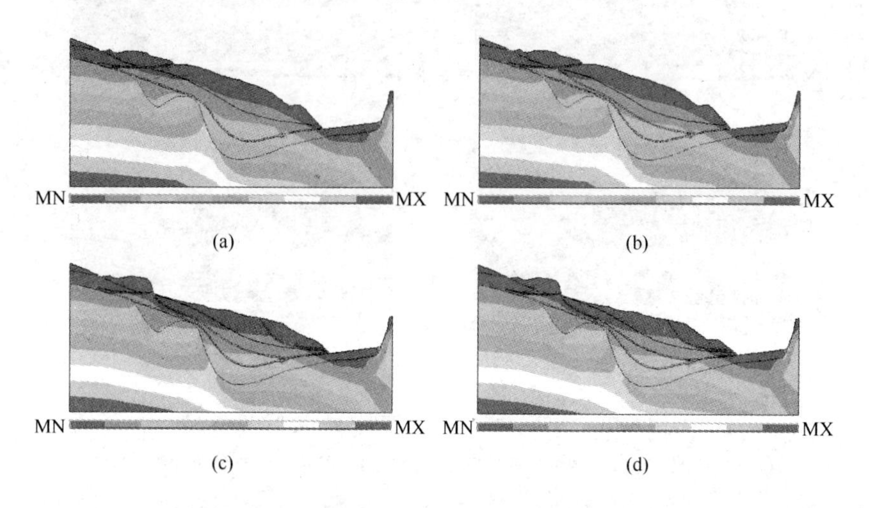

图 6-15　秦峪滑坡 C_1 区应力强度等值线云图

（a）原始坡体；（b）滑面形成后坡体；（c）滑后坡体；（d）公路开挖后坡体

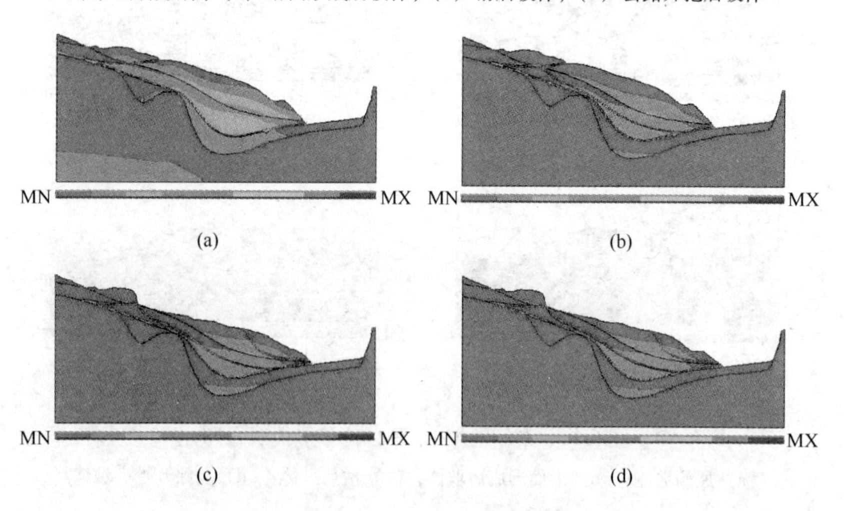

图 6-16　秦峪滑坡 C_1 区应变强度等值线云图

（a）原始坡体；（b）滑面形成后坡体；（c）滑后坡体；（d）公路开挖后坡体

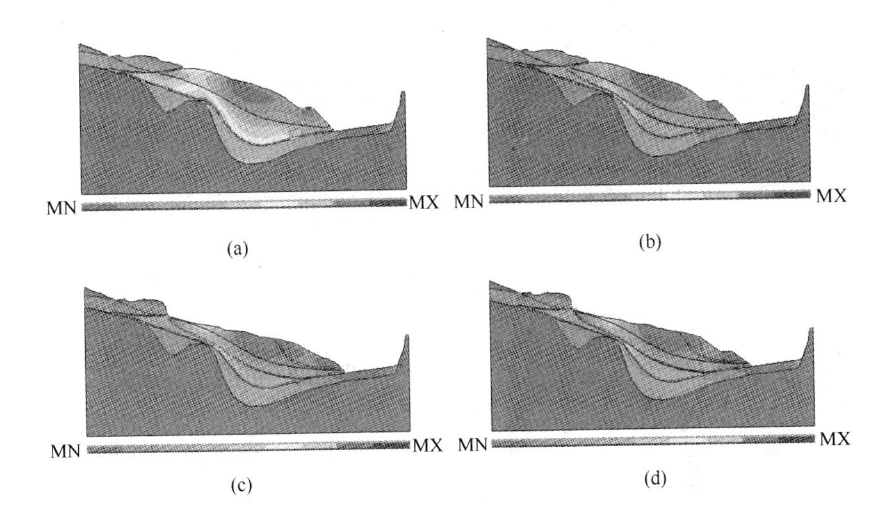

图 6-17 秦峪滑坡 C_1 区应力增量等值线云图

（a）原始坡体；（b）滑面形成后坡体；（c）滑后坡体；（d）公路开挖后坡体

斜坡的变形破坏主要应力增量与斜坡组成物质的应力应变强度联合决定，FEM 分析结果表明斜坡应力强度随着深度增大而增大，最小值位于表层，四个阶段应力强度基本保持不变，而应变强度薄弱带主要发育在地层分界、地下水分界及潜在滑面附近，其中潜在滑面附近最为集中，随着四个阶段的发展应变强度薄弱带逐渐由坡体上部向下部发育，集中区逐渐缩小，最为薄弱应变强度区逐渐向中间滑带集中；应力增量沿地层分界、地下水分界及潜在滑面附近呈带状集中，随着四个阶段的发展应力增量集中条带由宽变窄，并逐渐向中间滑带集中；应变强度薄弱区和应力增量集中条带向中间滑带集中，预示着一次大的滑动极有可能沿着中间滑带滑动。

6.4.2 拉格朗日差分法（FLAC）

6.4.2.1 应力场特征分析

数值分析得到的各模型斜坡的主应力矢量图、最大主应力（σ_1）、最小主应力（σ_3）、最大剪应力（τ_1）等值线云图及最大不平衡力随迭代时步的变化曲线如图 6-18 ~ 图 6-22 所示。

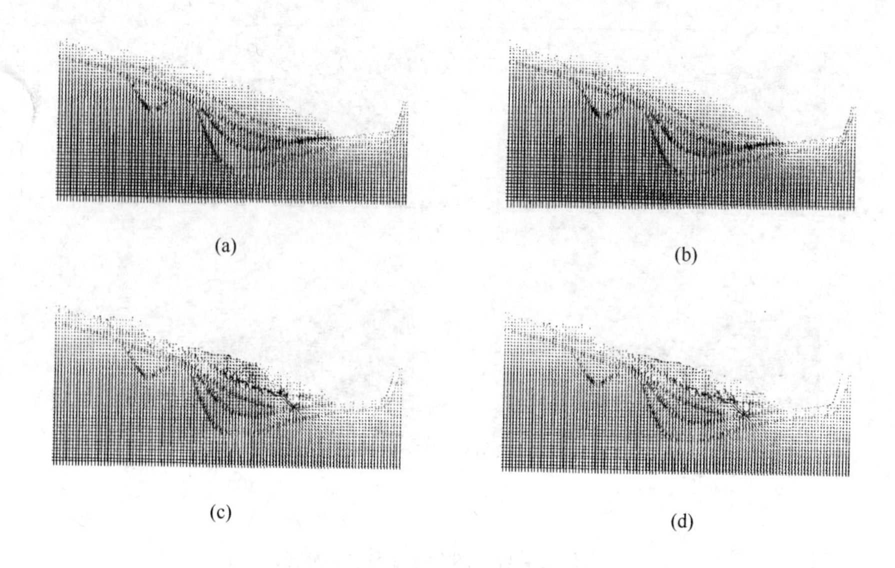

图 6-18　秦峪滑坡 C_1 区主应力矢量图

（a）原始坡体；（b）滑面形成后坡体；（c）滑后坡体；（d）公路开挖后坡体

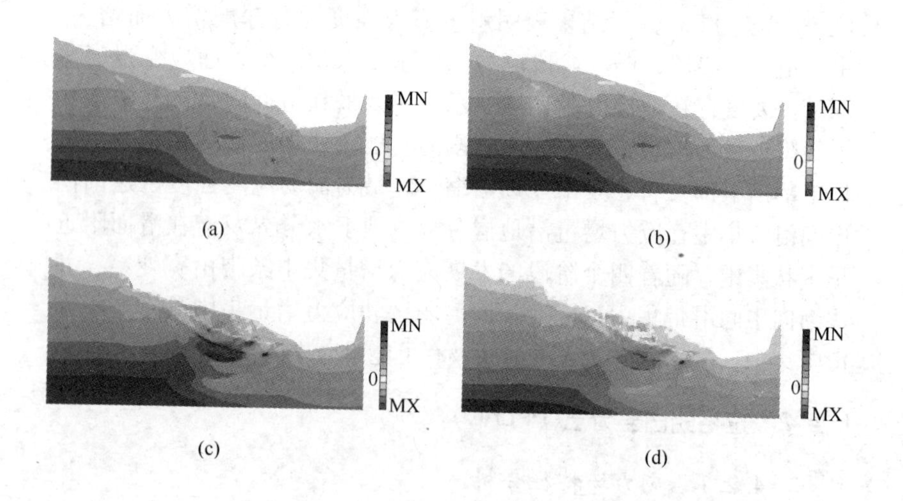

图 6-19　秦峪滑坡 C_1 区最大主应力等值线云图

（a）原始坡体；（b）滑面形成后坡体；（c）滑后坡体；（d）公路开挖后坡体

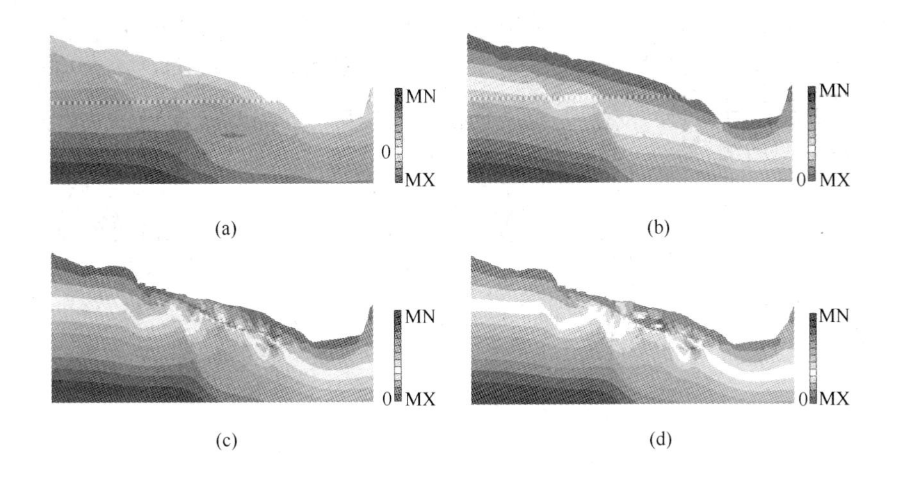

图 6-20 秦峪滑坡 C_1 区最小主应力等值线云图

（a）原始坡体；（b）滑面形成后坡体；（c）滑后坡体；（d）公路开挖后坡体

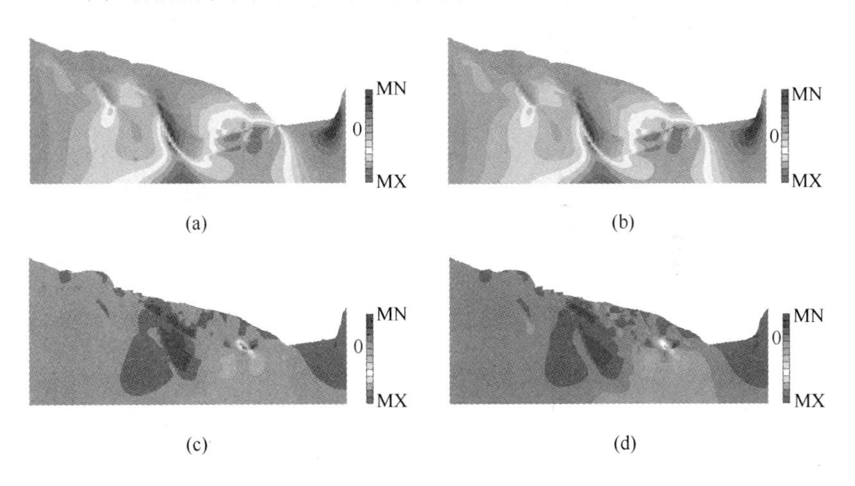

图 6-21 秦峪滑坡 C_1 区最大剪应力等值线云图

（a）原始坡体；（b）滑面形成后坡体；（c）滑后坡体；（d）公路开挖后坡体

FLAC 分析结果符合斜坡应力场分布的一般规律，在地层分界及潜在滑面附近有明显的应力集中。应力等值线变化梯度表明，最大主应力集中带随着四个阶段的发展逐渐由坡体上部向下部发展，向地下水位集中，其中在顶部滑带与地下水位交界处最为集中；最小主应力集中带则相反；剪应力集中带主要沿潜在滑面分布，最大值集中在坡体前缘，最小值集中在坡体中后部，随着四个阶段的发展逐渐向两侧扩展，剪应力集中带分布复杂化，其中在中间滑带最底处最为集中，同时预示着滑坡体的演化方向。

最大不平衡力随迭代时步的变化曲线表明：随着四个阶段的发

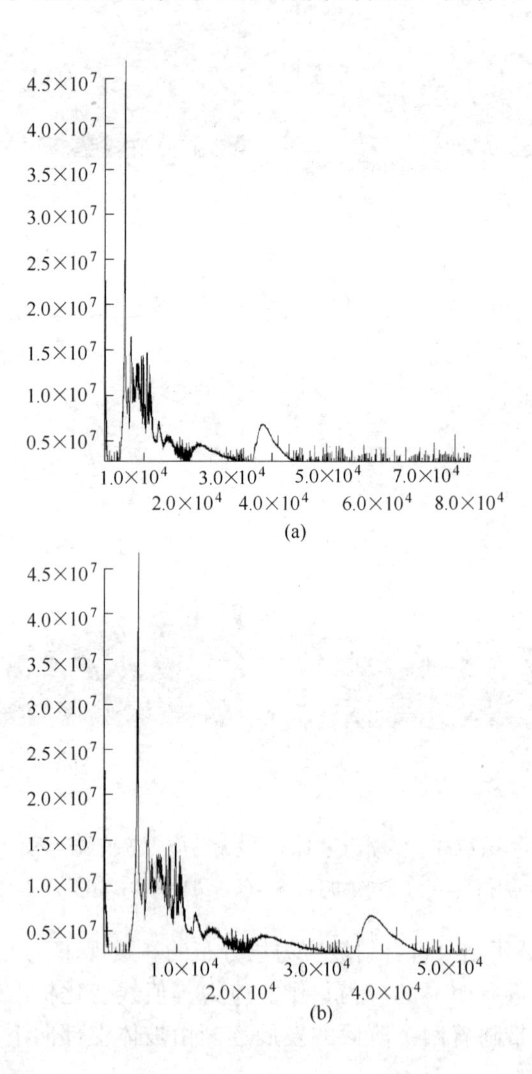

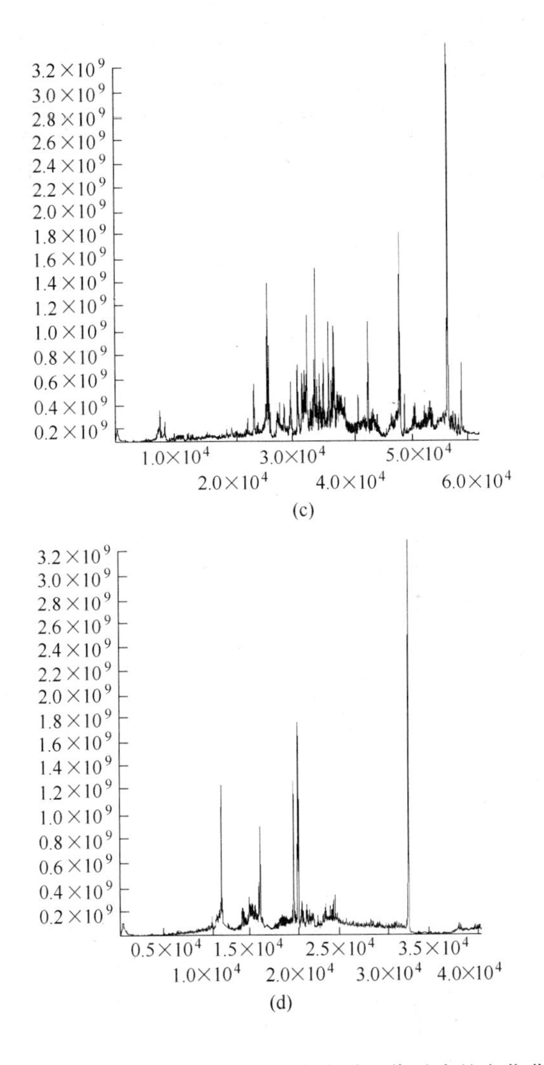

图 6-22　秦峪滑坡 C_1 最大不平衡力随迭代时步的变化曲线

(a) 原始坡体；(b) 滑面形成后坡体；(c) 滑后坡体；(d) 公路开挖后坡体

展，最大不平衡力由易趋于稳定到不易趋于稳定，一方面说明坡体正处于平衡调整阶段，坡体的活动性不是趋于稳定，而是逐渐加强；另一方面说明秦峪滑坡 C_1 区目前正处于青年期，同时也预示着大规模的滑动必将发生，并且极有可能沿中间滑带滑动，这同 FEM 分析吻合，也说明了秦峪滑坡 C_1 的裂隙分布（见图 4-5）。

6.4.2.2　位移分析

数值分析得到的各模型中的跟踪点沿 x 方向位移（U_x）随迭代时步的变化曲线及跟踪点沿 y 方向位移（U_y）随迭代时步的变化曲线如图 6-23 和图 6-24 所示。

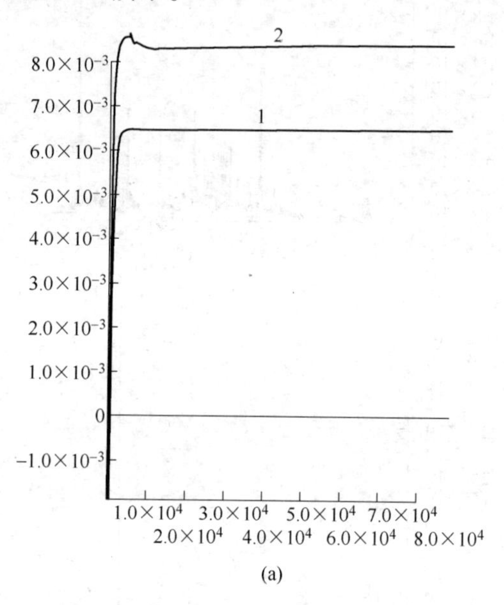

(a)

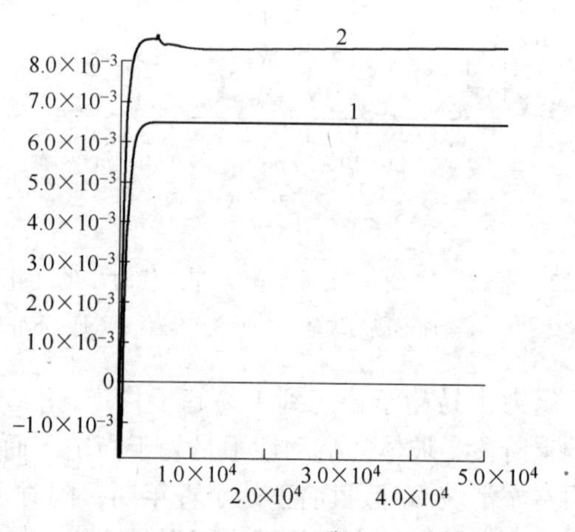

(b)

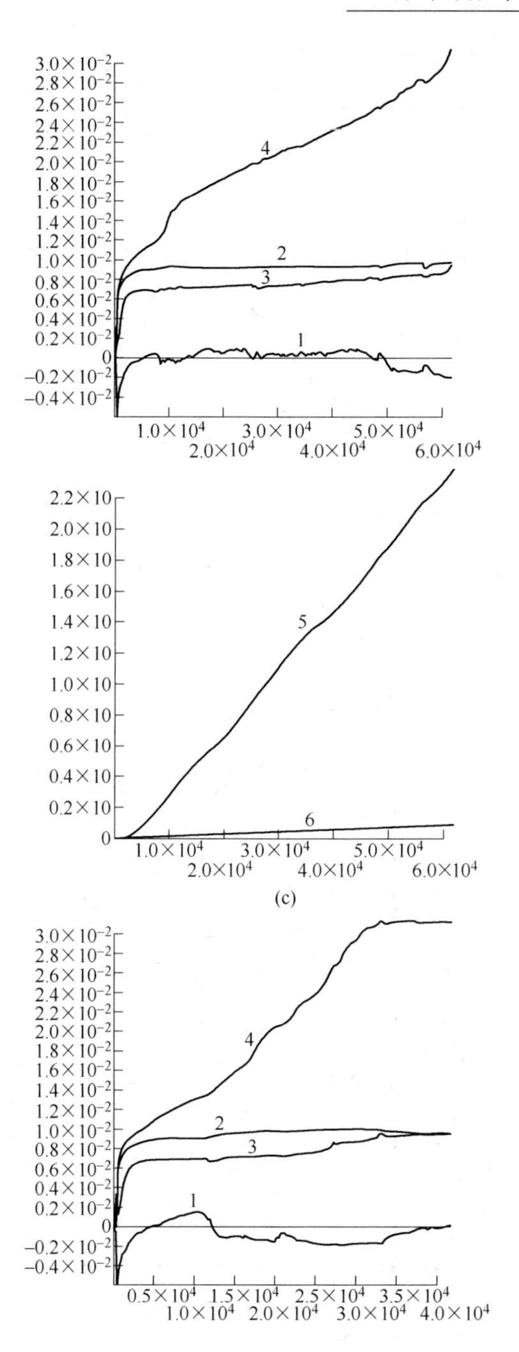
3.0×10⁻²
4
2
3
1
0
−0.4×10⁻²
1.0×10⁴
2.0×10⁴
3.0×10⁴
4.0×10⁴
5.0×10⁴
6.0×10⁴
2.2×10
5
6
0
(c)
4
2
3
1
0.5×10⁴
1.0×10⁴
1.5×10⁴
2.0×10⁴
2.5×10⁴
3.0×10⁴
3.5×10⁴
4.0×10⁴

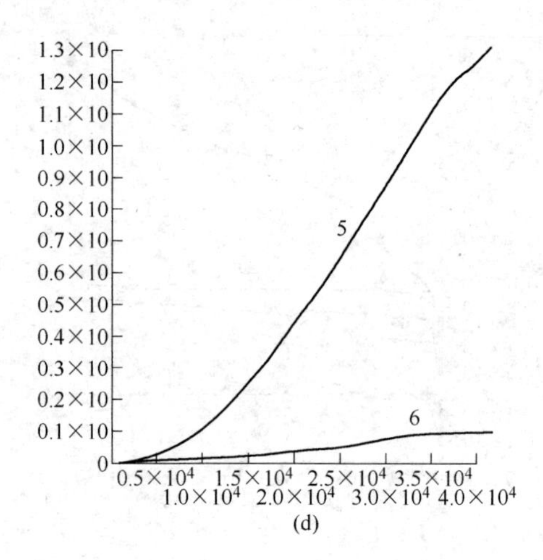

图 6-23　秦峪滑坡 C_1 跟踪点 x 方向位移随迭代时步的变化曲线

（a）原始坡体；（b）滑面形成后坡体；（c）滑后坡体；（d）公路开挖后坡体

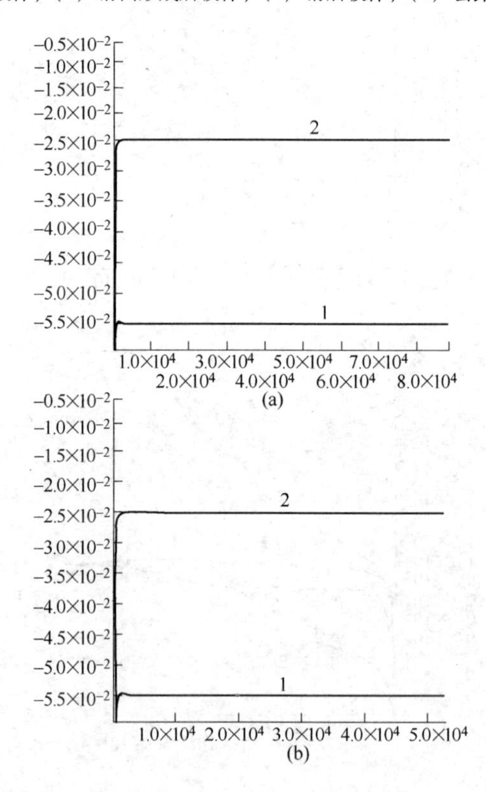

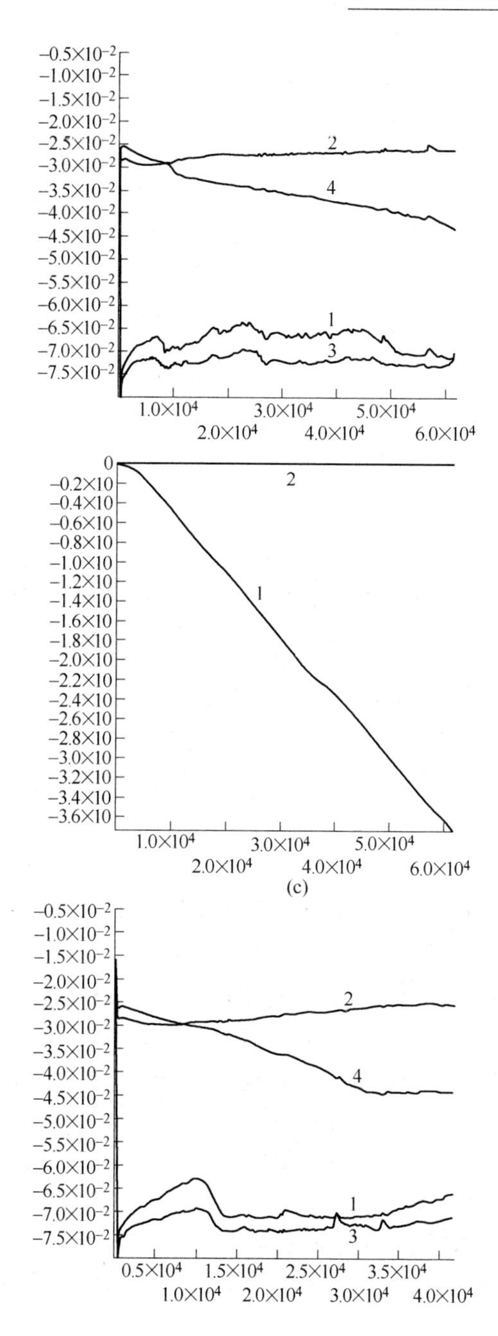
−0.5×10−2
−1.0×10−2
−1.5×10−2
−2.0×10−2
−2.5×10−2
−3.0×10−2
−3.5×10−2
−4.0×10−2
−4.5×10−2
−5.0×10−2
−5.5×10−2
−6.0×10−2
−6.5×10−2
−7.0×10−2
−7.5×10−2
2
4
1
3
1.0×10⁴
2.0×10⁴
3.0×10⁴
4.0×10⁴
5.0×10⁴
6.0×10⁴
0
−0.2×10
−0.4×10
−0.6×10
−0.8×10
−1.0×10
−1.2×10
−1.4×10
−1.6×10
−1.8×10
−2.0×10
−2.2×10
−2.4×10
−2.6×10
−2.8×10
−3.0×10
−3.2×10
−3.4×10
−3.6×10
2
1
1.0×10⁴
2.0×10⁴
3.0×10⁴
4.0×10⁴
5.0×10⁴
6.0×10⁴
−0.5×10−2
−1.0×10−2
−1.5×10−2
−2.0×10−2
−2.5×10−2
−3.0×10−2
−3.5×10−2
−4.0×10−2
−4.5×10−2
−5.0×10−2
−5.5×10−2
−6.0×10−2
−6.5×10−2
−7.0×10−2
−7.5×10−2
2
4
1
3
0.5×10⁴
1.0×10⁴
1.5×10⁴
2.0×10⁴
2.5×10⁴
3.0×10⁴
3.5×10⁴
4.0×10⁴

(c)

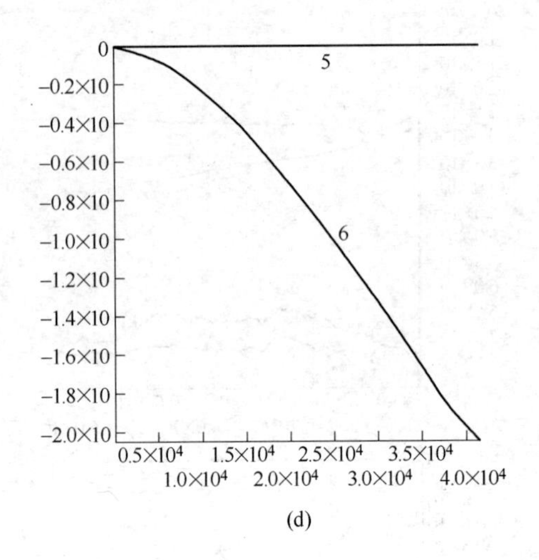

(d)

图 6-24　秦峪滑坡 C_1 跟踪点 y 方向位移随迭代时步的变化曲线

（a）原始坡体；（b）滑面形成后坡体；（c）滑后坡体；（d）公路开挖后坡体

依据 FEM 的剪应变等值线云图，选取下部滑带最大、最小剪应变单元为跟踪点 1、2，中部滑带最大、最小剪应变单元为跟踪点 3、4，上部滑带最大、最小剪应变单元为跟踪点 5、6（见图 6-4）。

FLAC 分析结果表明：跟踪点 1、2 无论沿 x 方向位移，还是沿 y 方向位移均易趋于稳定，随着四个阶段的发展波动变大，沿 y 方向跟踪点 1 表现出鼓胀变形特征，跟踪点 2 表现出压密变形特征；跟踪点 3、4 相对跟踪点 1、2 难于趋于稳定，随着四个阶段的发展波动变大，跟踪点 3 沿 x 方向增大，沿 y 方向减小，波动大，范围小，跟踪点 4 方向相反，波动小，范围大，同样，沿 y 方向跟踪点 3 表现出鼓胀变形特征，跟踪点 4 表现出压密变形特征；跟踪点 5、6 监视逐渐增大，说明上部滑带活动强烈，与雨季滑动的滑坡吻合，同时也证明了 FLAC 分析的可信度。

6.4.2.3　变形破坏特征分析

数值分析得到的各模型斜坡的剪应变率及剪应变率增量等值线云图如图 6-25 和图 6-26 所示。

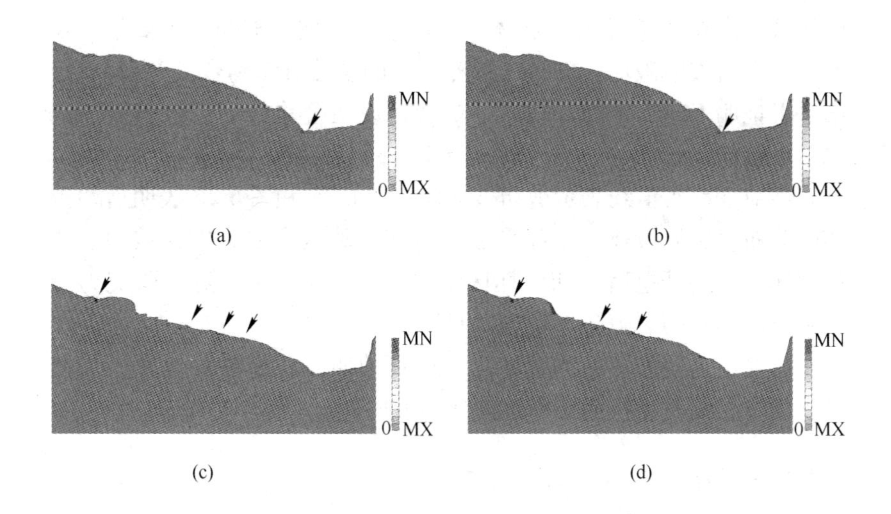

图 6-25 秦峪滑坡 C_1 区剪应变率等值线云图

（a）原始坡体；（b）滑面形成后坡体：（c）滑后坡体；（d）公路开挖后坡体

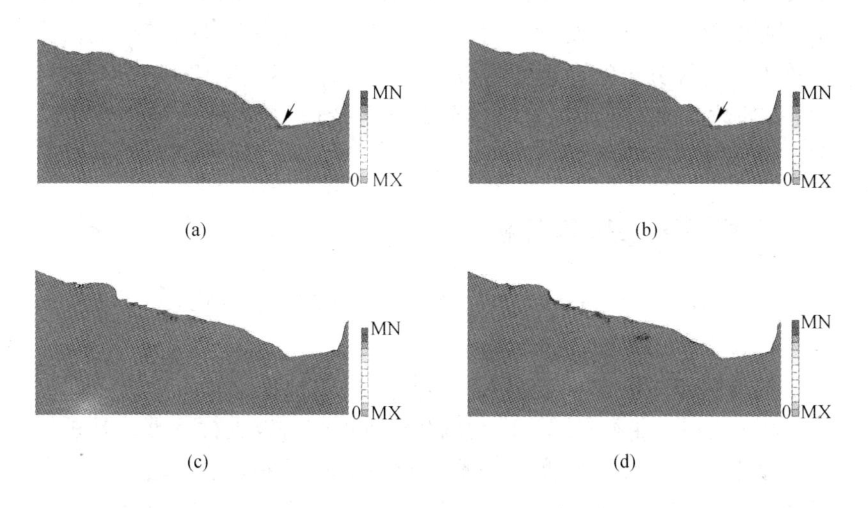

图 6-26 秦峪滑坡 C_1 区剪应变率增量等值线云图

（a）原始坡体；（b）滑面形成后坡体；（c）滑后坡体；（d）公路开挖后坡体

滑坡体为一种松散岩土堆积体，不具抗拉强度，当存在张应力时就会出现破坏，主应力矢量图中的张应力分布区即代表滑坡体的破坏区。图 6-18 表明原始坡体、滑面形成后坡体破坏区主要集中在坡角，滑后坡体破坏区分布与野外调查的裂隙分布吻合（见图4-5），第一者证明 FLAC 分析合理，第二者也说明公路开挖后坡体破坏区也是可信的。

剪应变率等值线表示剪切破坏面，图 6-25 和图 6-26 表明剪切破坏的分布。原始坡体、滑面形成后剪切破坏区主要集中在坡角，滑后坡体、公路开挖后剪切破坏区主要集中在中上部，这与张应力分布和野外调查的裂隙分布吻合（见图 4-5）。

总之，这些破坏区的存在可以验证地质过程模型简化及模拟的合理程度，同时也指明了滑坡演化的方向。

6.4.3 小结

秦峪滑坡 C_1 区 FEM、FLAC 的数值模拟结果基本吻合，并且相互呼应，演绎了从秦峪滑坡 C_1 区形成到以后高速公路开挖后坡体变形破坏的整个过程，使秦峪滑坡地质过程定性分析得到了补充，从理论上对定性分析的合理性得以证明。此外，秦峪滑坡 C_1 区 FEM、FLAC 的数值模拟还为拟建高速公路选线及现今 G212 改造提供了技术上的支持。

6.5 发展演化趋势分析

通过秦峪滑坡演化过程的定性分析，滑坡的复活从斜坡演化角度来讲是不可避免的。

通过对秦峪滑坡 C_1 区 FEM、FLAC 的数值模拟结果，滑坡前沿 $Ⅲ_2$ 活动强烈，并不停地通过崩塌和小规模的滑坡进行调整，其正处于滑动期。由于应力应变的调整逐渐向中间滑带集中，随着中间滑带强度的减弱，$Ⅱ_1$ 复活是不可避免的，且规模较大，直接影响到 G212 的运营及官厅镇人们人身与财产安全。

高速公路开挖后秦峪滑坡 C_1 区数值模拟结果表明，高速公路开挖一方面减缓了 $Ⅲ_2$ 活动强度，但对 $Ⅱ_1$ 复活得到加强。由于 $Ⅱ_1$ 滑坡是一个深层滑坡其治理是极其昂贵的，从工程角度上看极不可行。

再者，这仅是秦岭滑坡中的一个相对小的次级滑坡，放眼到整个滑坡及整个滑坡群，稳定性是不容乐观的，高速公路从滑坡前通过也是危险的。

鉴于本滑坡的典型性及 G212 运营和改造，对这个滑坡的研究还是具有十分重要的理论及实用价值。

7 滑坡稳定性评价与演化趋势预测

滑坡稳定性与工程施工和安全运行有着极为密切的关系，国内外许多实例说明，滑坡和边坡失稳可能给工程、国民经济和人民生命财产带来极大的危害，因此，滑坡稳定性评价具有十分重要的意义。正确评价滑坡当前的稳定状态及其演化趋势是经济合理地选择线路的前提，准确计算某一需要部位的滑坡推力对具体滑坡的预防与整治工程的设计和比选起着重要的指导作用。

滑坡稳定性评价方法较多，可归纳为定性评价和定量评价两种。定性评价一般是在初期勘测阶段进行，其目的在于对区内滑坡的稳定程度加以说明，以便在线路选择时，尽可能绕避那些规模巨大、危害较大的滑坡。定量评价需要以定性评价为基础，是定性评价的补充，一般在线路位置已经基本确定之后进行，主要是通过稳定性平衡计算，用量的概念说明滑坡的稳定程度，作为滑坡预防和整治的依据。

在做出合理的稳定性评价的基础上，结合滑坡的形成条件、影响因素和演化过程，对滑坡未来发展演化趋势作出预测。

7.1 秦峪滑坡的稳定性分析

7.1.1 工程地质分析

7.1.1.1 地形地貌

$Ⅱ_1$ 滑坡上游为 1 号冲沟，前部为岷江，造成两面临空，$Ⅱ_1$ 滑坡后缘有 $Ⅰ_1$ 滑坡呈扇形堆积，给 $Ⅱ_1$ 滑坡后缘加荷，前缘发育两级 3 个牵引滑坡或崩塌，公路内外滑体内裂缝极为发育；$Ⅱ_3$ 滑坡下游侧壁坎下发育羽状裂隙，树根被劈裂，1 号冲沟出口段崩塌严重，这些现象说明 $Ⅱ_1$ 滑坡处于活动状态。

II_2 滑坡地势平缓，体内冲沟发育，I_3 滑坡堆积扇小且分布在 II_2 滑坡下游侧壁，易被 3 号冲沟冲蚀，I_1 滑坡仅少量堆积其后，故总体处于稳定状态。但 II_2 滑坡前缘受河水冲刷，尤其 IV_4、IV_5 前缘，因岷江冲刷，发育有数个崩塌体及小型滑坡，沿底滑面有泉水出露，且目前正在活动，故若继续发展，不排除 II_2 滑坡有复活的可能。

I_1、I_3 为塑流滑坡，滑体上的物质为黑色炭质板岩（表层局部覆盖有灰岩碎块），质软，加之多处泉水出露，当前继续以塑性流形式向下滑动，主要物质覆盖于 II_1、II_2 滑坡后部，起加载作用。

7.1.1.2 当前坡体结构特征、滑动面及滑带土特征

秦峪滑坡主体 C 区为 B 区的复活，物探成果(见图 4-8(a)、(b))表明，两次滑动均发生堵江事件，在滑坡体下形成两个古河道。物探剖面的上部古河道高程在秦峪上下游同等拔河高度均可找到河床堆积，物探剖面的下部古河道高程低于现河床高程且已为邓邓桥及大峪下游的古代三国栈道（见图 5-6）证实；同时表明该区河道曾低于现河道，C 区曾高于现在重力势能，这也为 C 区大规模活动提供了必要条件。

该滑坡的成层出露及 1 号、3 号冲沟侧壁滑面的多层分布，说明 C 区滑坡的多期性，特别是 1 号冲沟的滑面位置与泉水出露位置，物探成果基本吻合（见图 4-8）。

通过调查，秦峪滑坡主体 C 区的滑带均发育在基岩强风化的碎屑物堆积体内，而这种基岩强风化的碎屑物遇水软化，黏粒含量大，液塑限大，易形成滑面。秦峪滑坡基岩强风化的碎屑物主要在岷江右岸陡坡、1 号冲沟右壁陡坎底层、2 号冲沟上部两侧、3 号冲沟中上部左侧、I_1 滑坡和 I_3 滑坡体内有出露，且出露带往往有泉，一旦这些物质临空就易于活动，坡积、洪积碎石土尽管不易形成滑面，但往往堆积在表层，可以对滑坡体加荷，使滑坡具备重力势能；I_1 和 I_3 滑坡体由此种碎屑物组成，因此形成了正在活动的塑流滑坡，II_1 滑坡此种碎屑物有两面临空，上部堆积有较厚的碎石土，此土结构松散，渗透性强，此外，地形完整有利于形成完整的地下水径流，在此种碎屑物体内容易形成沿流线的连续滑面，II_1 滑坡地形完整，

从垄到1号冲沟形成一个地下水系统，易再次形成滑面，稳定性差；$Ⅱ_2$滑坡尽管有强风化的碎屑物两面临空，但地势平坦，且地形不完整，不易形成完整的滑面，仅可形成零散的滑面，从而产生一些次小滑坡，往往这些滑坡分布在沟侧及河床边，河床起到压脚削荷作用，沟侧起到填沟减荷作用（阻止临空面加重），利于滑坡稳定，但这些小滑坡正在遭受岷江的淘蚀，一旦产生进一步滑坡，将牵引后部的$Ⅱ_2$滑坡而使其复活。

7.1.1.3　成因及机制

秦峪滑坡主体C区作为一个大型的堆积土滑坡，而岷江仍在持续下切，必将导致滑坡群的势能增加，再次应力调整是不可避免的。$Ⅱ_1$滑坡受1号冲沟、岷江控制，易形成滑面，加之其前部的次级滑坡牵引，已具备滑动条件，只要有诱发因素，即可再次产生大规模滑坡。$Ⅱ_2$滑面尽管在物质结构上具备条件，但滑面不连通及势能储备不足，在滑体内次级滑坡多次分解，一方面释放了势能，另一方面对滑坡进行了自然的加固（压脚削荷），使$Ⅱ_2$目前处于稳定状态。

7.1.1.4　坡体内物理地质现象

调查发现，往往在崩塌后侧产生张性拉裂，这有利于牵引后侧滑体滑动，在后缘崩塌给滑体加荷增加能量储备，秦峪滑坡体崩塌主要发育在A区后壁、1号冲沟侧及$Ⅱ_1$滑坡体内公路内侧和外侧，通过判断$Ⅱ_1$滑坡体处于相对不稳状态。

7.1.1.5　活动历史

据访问，$Ⅱ_3$滑坡最早于20世纪60年代开始活动，造成公路变形。1976年夏季雨后，2000多方土体下滑，造成路基下沉3～4m，堵塞道路100m左右，中断行车3～4天，滑体冲入岷江，回水淹没对岸农田。1976年至今，滑坡前缘经常坍塌，为了保障国道畅通，陇南公路总段工程队，在滑坡前缘公路外侧多次做铅丝石笼工程，但均被滑坡破坏。2003年和2004年两次调查发现，公路以里20m内裂缝发育且有逐步扩展的趋势，其中在农田里的一条裂缝，在一年内发生水平位移和垂直位移各20cm左右，造成该处农田弃耕；滑坡段公路随滑坡进一步下滑，不得已继续填高路面。2004年9月和

11 月，先后两次对滑坡变形破坏进行调查，发现在两个月时间内，Ⅱ$_1$ 滑坡发生了较大规模的滑坡，沿下游侧界，在原有剪切型羽状裂缝的基础上，进一步发展扩大，新生规模更大、连贯性更好的裂缝；公路两侧裂缝进一步加宽；公路外岷江南岸壁已崩塌并引起公路下沉；公路内外两侧的两眼泉水流量增大。以上均表明，Ⅱ$_1$ 滑坡是目前正处于活动的滑坡。

Ⅳ$_5$ 滑坡于 1974 年夏季第一次滑动，造成路面下沉，以后路基每年下降 1m 多，1985 年活动加剧，下沉量达 2m 多。为了公路的安全、畅通，并总结治理滑坡的经验，陇南公路总段工程二队，于 1995 年 4 月 10 日 ~7 月 10 日完成了该坡前缘的试验工程——重力式挡墙，基本抑制了滑坡的蠕动。

Ⅵ$_1$ 滑坡于 1985 年夏季第一次滑动，公路下沉且外移（向岷江方向），下沉量达 2 ~3m，因无法向内移线，总段工程队在路外侧做了铅丝石笼工程，但因地下水发育，路面时常翻浆，经常堵车。1992 年夏季第二次滑动，破坏了铅丝石笼，1992 年至今，基本稳定。

Ⅴ$_2$ 于 1993 年发现裂缝，滑坡后部的水池开裂，1994 年夏季第一次滑动，因公路路面宽，未造成堵车。从本次调查情况看，后壁下又出现 2m 高的新滑壁，擦痕清晰。说明现今仍在活动，但后壁后部山体未见变形迹象，新滑壁可能与滑坡前缘取土养路有关。

2004 年 9 月对整个秦峪滑坡变形调查时，在前沿河边，除Ⅱ$_1$ 滑坡外，发现Ⅲ$_6$ 滑坡在原滑动的基础上，产生了新的滑动，滑动面后壁已至现公路的路边，近于直立，壁高 1 ~2m，上下游两侧壁界线明显，前缘出口在河床，滑体内横张弧形裂缝发育。2004 年 11 月再次调查时，发现Ⅲ$_6$ 滑坡的滑动有所加剧，各种变形破坏迹象更为明显。除此之外，11 月的调查还发现，在Ⅲ$_6$ 滑坡下游，新产生了两个小型崩塌体（bh_4 和 bh_5），剪出口位于河床，剪出口处有流量不大的泉水或湿地。

2005 年 10 月 2 日 ~4 日对整个秦峪滑坡变形调查时，崩塌体 bh_1 已基本崩塌完，Ⅲ$_2$ 向下滑动，有滑面出露，同时牵引Ⅱ$_1$ 滑坡上游侧壁裂缝产生，在Ⅱ$_1$、Ⅲ$_1$后侧有横向裂缝。同时，还发现 bh_4 和 bh_5 仍在继续崩塌。此外，陇南公路总段对该段的简单监测（见表7-1）表明，在不到1年的时间内最大下滑距离为1.689m，最大平均下降速率20为mm/d。

表7-1　秦峪滑坡 C_1 区滑动监测结果

监测时间	监测点A		监测点B		监测点C		监测点D		监测点E	
	相对高程/m	下滑距离/m	相对高程/m	下滑距离/m	相对高程/m	下滑距离/m	相对高程/m	下滑距离/m	相对高程/m	下滑距离/m
2004年7月9日	1002.615	0.000	1003.618	0.000	1004.123	0.000	1005.525	0.000	1006.108	0.000
2004年9月22日	1001.415	1.200	1002.878	0.740	1002.523	1.600	1004.615	0.910	1005.383	0.725
2005年6月22日	1000.926	1.689	1002.105	1.513	—	—	1004.425	1.100	1005.247	0.861

7.1.2　秦峪滑坡 C_1 区数值计算

根据第6章的数值模拟，求得的滑带上监测点周围的块体的最大和最小应力值的平均值大小，并以此来代替该监测点的应力值，见式（7-1）：

$$F_s = \frac{1+\sin\varphi}{1-\sin\varphi}\cdot\frac{\sigma_3}{\sigma_1} + \frac{2c\cos\varphi}{1-\sin\varphi}\cdot\frac{1}{\sigma_1} \tag{7-1}$$

计算得各监测点所在的滑带的稳定性系数。

计算结果见表7-2。计算结果表明，下部滑带稳定性最好，稳定性系数大于1，处于稳定状态；上部滑带稳定性最差，稳定性系数小于1，处于滑动状态；中部滑带稳定性系数在1附近，处于临界状态。高速公路开挖后，上部滑带稳定性系数增加，由滑动状态变为稳定状态；中部、下部滑带稳定性系数减少，特别中部滑带由临界状态变为滑动状态。

表 7-2　秦峪滑坡 C_1 区稳定性计算结果

跟踪点	现在坡体			公路开挖后坡体		
	σ_1/Pa	σ_3/Pa	F_s	σ_1/Pa	σ_3/Pa	F_s
1	-49976.8	-31871.3	1.206	-51000.4	-33294.7	1.173
2	-49614.6	-31231.1	1.231	-50638.2	-32654.5	1.196
3	-33416.3	-21232.5	1.0992	-34439.9	-23305.4	0.999
4	-33488.7	-21980.5	1.033	-34512.3	-24053.8	0.943
5	-24916.3	-14532.5	0.932	-25939.9	-14955.9	1.015
6	-23238	-12868	0.955	-24261.6	-13291.4	1.046

7.1.3　秦峪滑坡 C_1 区极限平衡计算

根据秦峪滑坡 C_1 区的地质剖面（见图 4-8）、高速公路标准断面（见图 5-12）及其物理力学性质，应用不平衡推力传递法对秦峪滑坡 C_1 区进行了稳定性计算，计算剖面如图 7-1 所示。根据地下水水位、滑面形态和地形变化对剖面进行了条分（见图 7-2）。

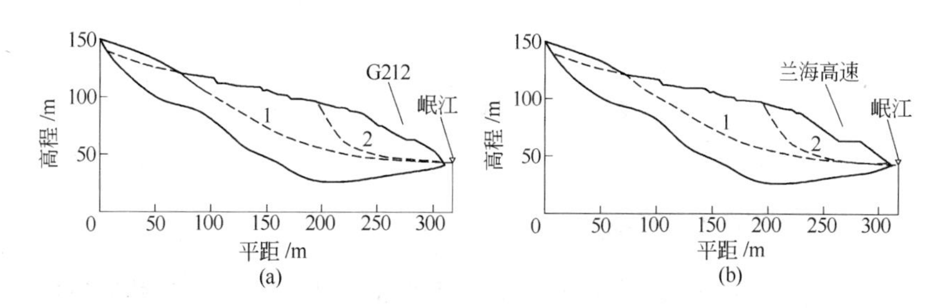

图 7-1　秦峪滑坡 C_1 区稳定性计算剖面

（a）现在坡体；（b）公路开挖后坡体

计算采用兰州大学工程地质研究所《边坡稳定性分析》程序进行，计算结果见表 7-3。计算结果表明，原始坡体在天然状态下，1 号剖面 F_s = 1.004，说明 $Ⅱ_1$ 滑坡处于极限平衡状态；2 号剖面 F_s =

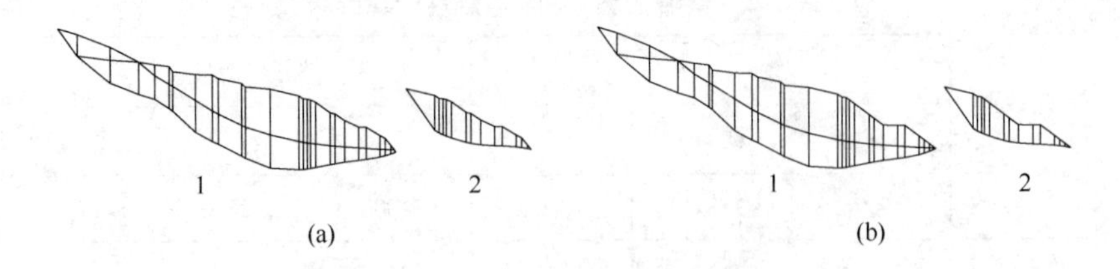

图 7-2　秦峪滑坡 C_1 区计算剖面条分图
（a）现在坡体；（b）公路开挖后坡体

0.918，说明Ⅲ$_2$ 滑坡处于滑动阶段。考虑地震力时，1 号剖面 F_s = 0.518，2 号剖面 F_s = 0.470，说明如遇到Ⅷ度地震，Ⅱ$_1$、Ⅲ$_2$ 滑坡均要滑动。公路开挖后，1 号剖面 F_s 降低，Ⅱ$_1$ 滑坡由极限平衡状态变为滑动，2 号剖面 F_s 增加，说明公路开挖利于Ⅲ$_2$ 稳定，但促进了Ⅱ$_1$ 滑坡的发生。稳定性计算与数值计算吻合。

表 7-3　秦峪滑坡 C_1 区稳定性计算结果

工　况	稳定性系数 F_s			
	现 在 坡 体		公路开挖后坡体	
	1 号剖面	2 号剖面	1 号剖面	2 号剖面
天然状态	1.004	0.918	0.986	0.926
地震（Ⅷ度/0.2g）	0.518	0.470	0.514	0.479

7.1.4　稳定性分析小结

关于秦峪滑坡稳定性的工程地质分析、数值计算及极限平衡计算表明：Ⅰ$_1$、Ⅰ$_2$ 滑坡为表层塑流滑坡，现处于活动阶段，但位高层薄不会引起太大的灾害，仅对下面滑坡有一个在量上的积累。Ⅱ$_1$ 滑坡是一个正在活动的滑坡。Ⅱ$_2$ 滑坡整体处于暂时稳定状态，但因其前方有多个正在活动的小滑坡，不排除进一步复活的可能。由于Ⅱ$_2$ 滑坡的产生，原本稳定的中间垅脊，也可能因Ⅱ$_2$ 滑坡的继续发展而再次失稳。

7.2 滑坡演化趋势预测

7.2.1 工程地质分析预测

7.2.1.1 滑体物质及结构

滑坡发生至今，滑体物质大部分已经过重新固结压密，如 C_2 区中后部和 C_3 区。但是对于 C_1 区和 C_2 区前缘，因岷江冲刷坍塌的影响，裂缝较多，坡体结构疏松，坡体自身强度低，为地表水的入渗创造了有利条件。滑体处往往泉水较多，使滑带处于饱水状态，降低了滑带土的物理力学性能。

7.2.1.2 滑坡后缘加载作用

根据秦峪滑坡的演化机理，B 区和 A 区均对 C 区滑坡有着重要影响。虽然 B 区本身处于暂时稳定状态，但它是塑性物质的物源区，两侧的 I_1 和 I_3 滑坡源源不断地为 C 区提供塑性物质且有泉水集中出露，加载于下部滑体之上。

7.2.1.3 河水和冲沟的冲刷

上游侧 1 号冲沟本身稳定性差，沿沟壁发育多个崩滑体以及在滑坡侧产生较多与沟平行的大规模拉张裂缝，影响滑坡稳定性，尤其公路附近，滑坡破坏加剧。

滑坡前缘，岷江的冲刷作用持续存在，而且暴雨和高洪水位时，对滑坡坡脚的冲刷作用强烈。当前，冲刷作用最强的部位是 C_1 区前缘的 III_2 滑坡、C_3 区（间脊）前缘以及 C_2 区前缘的 III_4、IV_5、V_1 等次级滑坡，并由此产生众多小型次级滑坡和崩滑体。这些小滑坡和崩滑体均为新生的，它们正在发展之中，且部分以向上和向后发展并影响到现有公路。

滑坡体内地下水和地表水相互转化较为频繁，发育多层泉水，在滑坡前缘公路两侧，泉水较多，部分泉水流量较大，威胁到滑坡的稳定并影响其后期演化。

7.2.1.4 滑坡活动历史

从滑坡活动历史和稳定计算结果来看，C_1 区为本滑坡区域最活跃的滑坡，近年来长期持续不停地蠕滑。粗略监测成果表明，其年均下滑量可达 1m 左右。根据其演化机理，这种趋势将一直持续下去。

综上所述，滑坡的物质特征、边界条件、内外力地质作用、形成演化机制和现今稳定状态，均表明秦峪滑坡 C_1 区总体不稳定，并可能发生大规模整体复活；C_3 区如今也因强烈冲刷产生坍塌，若不整治，可能因逐渐崩塌而发生活动；C_2 区前缘上型滑坡和坍塌体的持续活动，将影响其后部的各级滑坡，导致滑坡的局部复活甚至整体滑动。

7.2.2　地质过程分析预测

秦峪滑坡经过 A 区形成、B 区形成、古滑坡复活（C 区形成）及滑坡解体 4 个阶段的发展演化，形成了一个以 C 区为主体的一个大型的堆积土滑坡群，其中前两个阶段是基础，第三个阶段规模最大，对本区的基本地形地貌起决定作用，经过后期的发展演化之后，奠定了秦峪滑坡现有的基本地形地貌。岷江持续下切，必将导致秦峪滑坡的势能增加，再次应力调整是一定的，滑坡的复活从斜坡演化角度来讲是不可避免的。

目前，后缘两个塑性流滑坡（$Ⅰ_1$ 和 $Ⅰ_3$）、C_1 区 $Ⅱ_1$ 滑坡及其次级滑坡（$Ⅲ_1$、$Ⅲ_2$、$Ⅳ_1$、$Ⅳ_2$）、前缘的 $Ⅲ_5$ 滑坡、下游公路内侧的 $Ⅳ_6$ 和 $Ⅴ_2$ 滑坡以及前缘崩滑体（bh_1 ~ bh_5）均处于活动状态，尤其是 C_1 区内的滑坡。

基于现状，$Ⅱ_1$ 滑坡受 1 号冲沟、岷江控制，易形成滑面，加之其前部的次级滑坡牵引，已具备滑动条件，只要有诱发因素，即可再次产生大规模滑坡。$Ⅱ_2$ 滑坡尽管在物质结构上具备，但滑面不连通及势能储备不足，在滑体内次级滑坡多次分解，一方面释放了势能，另一方面对滑坡进行了自然的加固（压脚削荷），使 $Ⅱ_2$ 滑坡目前暂时处于稳定状态。

7.2.3　秦峪滑坡 C_1 区演化趋势预测

秦峪滑坡演化过程的定性分析及稳定性的定性分析表明，秦峪滑坡 C_1 区的复活从斜坡演化角度来讲是不可避免的。

秦峪滑坡 C_1 区 FLAC 3D 的数值模拟显示，滑坡前沿 $Ⅲ_2$ 活动强烈，并不停地通过崩塌和小规模的滑坡进行调整，其正处于滑动期，由于应力应变的调整，应力集中带逐渐向中间滑带集中，并且集中带范围缩小，强度增大，随着中间滑带强度的减弱，$Ⅱ_1$ 滑坡复活是不可避免的，且规模较大。

秦峪滑坡 C_1 区稳定性的数值计算及极限平衡计算均表明，$Ⅱ_1$ 滑坡处于极限平衡状态，$Ⅲ_2$ 滑坡处于滑动阶段。高速公路开挖后，$Ⅱ_1$ 滑坡由极限平衡状态变为滑动，$Ⅲ_2$ 滑坡稳定性得以改良，这说明高速公路开挖利于 $Ⅲ_2$ 稳定，但促进了 $Ⅱ_1$ 滑坡的滑动，由于 $Ⅱ_1$ 滑坡是一个深层滑坡，从总体上讲，高速公路开挖不利于秦峪滑坡 C_1 区稳定。

8 工程地质选线与方案优化

8.1 公路选线概况

公路选线就是根据公路的性质、任务、等级和标准，结合地形、地质、地物及其他沿线条件，综合平、纵、横三方面因素，在实地（或纸上）选定公路中线平面位置的工作。选线是公路线形设计的重要环节，选线的质量直接关系到整条公路的质量、工程造价及公路今后使用的适用性、安全性、可靠性和寿命。另外，在两点之间，可能的路线很多，地面因素又复杂多变，加之路线本身平、纵、横三方面的相互影响和制约以及路线位置对于公路构造物和其他公路设施影响很大等因素，使得选线工作变得十分复杂。因此，选线是一项具有很强技术性、综合性和政策性的工作。一条公路路线的选定是经过由浅入深、由整体到局部、由概况到具体、由面到线的过程来实现的[18,19]。

8.1.1 公路选线步骤

一般公路选线要经过如下 3 个步骤：

（1）全面布局。全面布局是解决路线基本走向的全局性工作。在路线总方向（路线起、终点和中间主要控制点）间，寻找出可能通行的“路线带”，并确定一些大的控制点，这些大控制点的连线即路线基本走向。

路线布局，关系到公路“命运”的根本问题，总体布局如果不当，即使局部路线选得再好，技术指标确定得再恰当，仍然是一条质量很差的路线。因此，在选线中，首先应着眼于总体布局工作，解决好基本走向问题。

（2）逐段安排。在路线基本走向已确定的基础上，应结合地形、地质、水文、气候等条件，进一步加密控制点，解决路线局部方案的工作，选定能够提高路线标准、降低工程造价的有利路线带。

（3）具体定线。这是在逐段安排的小控制点间，根据技术标准结合自然条件，综合考虑平、纵、横三方面因素，反复穿线插点，最后确定公路中线的具体线位。这一步更深入、更细致、更具体。具体定线工作由详测时选线组来完成的。

8.1.2 公路选线原则

公路选线所遵循的基本原则主要如下：

（1）路线的基本走向必须与公路的主客观条件相适应。限制和影响公路基本走向的条件很多，但归纳起来有主观条件和客观条件两大类。主观条件是指设计任务书（或其他文件）规定的路线总方向、等级及其在公路网中的地位和作用。客观条件是指公路所经地区原有交通的布局（如铁路、公路、航道、航空、管道等）、城镇、工矿企业、资源的状况，土地开发利用和规划的情况以及地形、地质、气象、水文等自然条件。上述主观条件是公路选线的基本依据，而客观条件则是公路选线必须考虑的因素。选线人员要从各种可能方案中选择出一条最优的路线方案，就要充分考虑上述条件对公路的影响，使之相适应。

（2）正确掌握和运用技术标准。在工程数量增加不大时，应尽量采用较高的技术标准。不要轻易采用较小指标或极限指标，也不应不顾工程数量增加，片面追求高指标。路线布设，应在保证行车安全、舒适、快速的前提下，充分利用当地的地形、地质等自然条件，搞好平、纵、横的综合设计，做到工程数量小、造价低、运营费用少、效益好，并有利于施工和养护。

（3）注意与农业配合。选线时要处理好公路与农业的关系。注意与农业基本建设的配合，做到少占田地，并应尽量不占高产田、经济作物田或穿过经济林园（如橡胶、茶园、果园）等。并注意与修路造田、农田水利灌溉、土地规划等相结合。

（4）选线应重视水文、地质问题。不良地质和地貌对公路的稳定性影响极大，选线时应对工程地质和水文地质进行深入勘测调查，了解清楚其对公路的影响。

对于滑坡、崩塌、岩堆、泥石流、岩溶、软土、泥沼等严重地质不良地段和沙漠、多年冻土等特殊地区的路线，应慎重处理。一般情况下应尽量绕避，必须穿过时，应选择合适的位置，缩小穿越范围，并采取必要的工程措施。

（5）重视环境保护工作。加强环保工作，重视生态平衡，为人类创造良好的生活环境，是选线工作的基本原则之一。在选线时应综合考虑由公路修建、汽车交通运行所引起的环境保护问题。主要应注意以下几点：

1）通过名胜、风景、古迹地区的公路，应注意保护原有自然状态，并注意与周围环境、景观相协调，严禁损坏重要历史文物遗址。

2）路线对自然景观与资源可能产生的影响。

3）占地、拆迁房屋对环境带来的影响。

4）路线布局对城镇布局、行政区划、农业耕作区、水利排灌体系等现有设施造成分割而产生的影响。

5）噪声以及对大气、水源、农田污染所造成的影响。

6）充分考虑对破坏自然景观、资源和污染环境的防治措施及其实施的可能性。

（6）选线应综合考虑路与桥的关系。注意路桥配合。特殊大桥一般作为路线总方向的控制点；大中桥位原则上服从路线总方向，一般作为路线走向的主要控制点；路桥应综合考虑，即不应单纯强调桥位而使路线过多绕越或使桥头接线不合理，也不应只顾路线而使桥位不合适；小桥涵位置应服从路线走向，在不降低路线技术指标情况下，也应照顾小桥涵位置的合理性。

8.1.3 原则性的方案比选

方案比较是选线中确定路线总体布局的有效方法，在可能布局的多个方案中，通过方案比较决定取舍，选择出技术合理、费用经济、切实可行的最优方案。路线方案的取舍是路线设计中最基本的问题，这是因为方案是否合理，不仅直接关系到公路本身的工程投资和运输效率，更重要的是影响到路线在公路网中是否起到应有的作用，即是否满足国家的政治、经济、国防的要求和长远的利益。

为此应认真、慎重地进行选线，全面综合考虑各方面的因素后，选择出最合理的路线方案。

从形式上看，方案比较可分为质和量的比较。对于原则性的方案比较，主要是质的比较，多采用综合评价的方法，这种方法不是通过详细计算经济和技术指标进行比较，而是综合各方面因素进行评比。主要综合因素有以下几个方面：

（1）所选路线在政治、经济、国防上的意义，国家或地方建设对路线使用任务、性质的要求，以及战备、支农、综合利用等重要方针的贯彻和体现程度。

（2）路线在铁路、公路、水运等现代交通网络中的作用，与沿线工矿、城镇等规划的关系，以及与沿线农田水利等建设的配合及用地情况。

（3）沿线地形、地质、水文、气象、地震等自然条件对道路的影响，要求的路线等级与实际可能达到的技术标准及其对路线使用任务、性质的影响；路线长度、筑路材料来源、施工条件以及工程量、三材（钢材、木材、水泥）用量、造价、工期、劳动力等情况及其对运营、施工、养护的影响，以及施工期限长短等。

（4）工程费用和技术标准情况。

（5）其他方面，如与沿线历史文物、革命史迹、旅游风景区的联系。影响路线方案选择的因素是多方面的，而各种因素又多是互相联系和互相影响的。路线应在满足使用任务和性质要求的前提下，综合考虑自然条件、技术标准和技术指标、工程投资、施工期限和施工设备等因素。通过多方案比较和精心选择，提出合理的推荐方案。

8.2 滑坡段工程地质选线

工程地质选线是在对路线所处的工程地质环境进行综合调查，分析研究公路工程与工程地质环境之间相互制约、相互影响、相互作用规律的基础上，趋利避害，合理利用工程地质环境，选择路线方案的过程。鉴于选线工作的复杂性和综合性，一条线路往往需要反复优化才能形成。工程地质选线宜由工程地质人员和线路专业设计人员共同进行。

工程地质选线，应充分考虑地质环境的稳定性及对公路工程的稳定性和安全性有不良影响的各种地质作用。对工程地质条件稳定性差，有不良地质作用和特殊土分布的路段，地质条件对工程稳定、施工条件和安全以及运营养护的长期影响进行权衡后，尽可能对有价值的方案进行比较，将路线及大型桥隧等重点工程布设在工程地质条件较好的区域内。对规模大、分布广、治理困难的不良地质或特殊土分布地带，路线应尽量绕避，必须通过时，应选择最短距离和最有利的部位通过[19,49]。

滑坡段往往是工程地质条件薄弱的地段，工程地质条件稳定性差，不良地质作用强烈，对工程稳定、施工条件和安全以及运营养护影响极大，其选线一定要注意以下几点：

（1）重视对滑坡形成的工程地质环境的研究，尤其是有多个滑坡分布的滑坡群路段。这种情况往往预示着斜坡岩土体的不稳定性，有可能出现大规模的斜坡移动，路线应设法绕避。

（2）路线方案的选择应视滑坡的规模、稳定性和治理的难易程度而定。对大型而复杂的滑坡，宜首先考虑绕避，如绕避有困难或路线增长过多时，应结合滑坡的稳定程度、处理的难易，从经济与施工等方面对绕避和整治方案综合比较后加以取舍；对于小型滑坡，一般可不绕避，但应根据其滑动原因和稳定性采取排水、支挡、减载等措施进行处理；对于中型滑坡，一般也可以考虑通过，但需慎重考虑其稳定性，选择有利部位通过，并采取相应的工程处理措施。

（3）线路通过滑坡的位置原则上应力求使滑坡的稳定性不继续变差，选择有利于滑坡的稳定和路线安全的位置通过。应根据路线高低选择布线位置，一般是滑坡的上缘或下缘比中部好。通过滑坡的上缘，以挖方路基为宜，以减轻滑体质量；通过下缘，以路堤为宜，以增加其抗滑力。

（4）线路选择应尽可能避开潜在滑坡或易产生滑坡的不良地质路段。如坡面高陡、松散堆积层发育、地下水丰富、上方汇水区较大、软硬岩层相间且倾向与坡向相同、易受河水冲刷的河岸等等，以避免开挖坡体诱发滑坡[19]。

8.3　秦峪滑坡群段选线方案与优化

鉴于秦峪滑坡群各滑坡成因、特征的相似性以及集中发育的特点，在拟建高速公路的选线和设计或 G212 线的改造时，宜将其纳入一体，统一考虑。拟建的高速公路在本滑坡群段有 5 种方案可供选择（见图 8-1），第一方案是从右岸滑坡群上通过，第二方案是右岸隧道，第三方案是河床高架桥，第四方案是左岸通过，第五方案是左岸隧道。下文根据本段地形地貌条件、地层岩性及其组合特征、地质构造条件以及滑坡的演化机制、特征、当前所处状态和稳定性，对这些方案作出评述[49]。

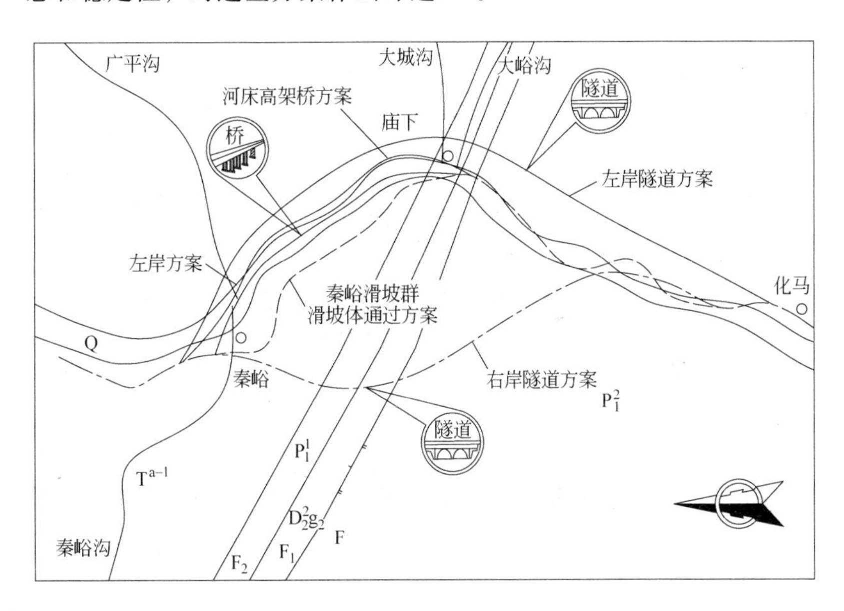

图 8-1　秦峪滑坡群段选线方案示意图

8.3.1　滑坡体通过方案

滑坡体通过方案的前提是保证 3 个滑坡的稳定性，其中任何一个滑坡的任意一段滑动，均将导致交通中断，社会效益和经济效益受到极大损失。

秦峪滑坡群是在区域性断裂带基础上发展的大型滑坡群，滑坡规模巨大且性质复杂；本段滑坡带 2.7km 范围内，3 处滑坡占至 90% 左右；除大峪上滑坡外，秦峪滑坡和大峪下滑坡均属深层滑坡；滑坡的局部坍塌和次级滑动较多，滑坡体内泉水分层集中出露，表明某些部分当前处于活动阶段，且有加剧发展的趋势；滑坡影响因素较多，而且某些因素至今仍较为活跃，如岷江的冲刷，对滑坡的持续作用长期存在。

秦峪滑坡的物质特征、边界条件、内外力地质作用、形成演化机制和现今稳定状态，表明秦峪滑坡 C_1 区总体不稳定，并可能发生大规模整体复活；C_3 区如今也因强烈冲刷产生坍塌，若不整治，可能因逐渐崩塌而发生活动；C_2 区前缘上型滑坡和坍塌体的持续活动，将影响其后部的各级滑坡，导致滑坡的局部复活甚至整体滑动。

秦峪滑坡稳定性的工程地质分析、数值计算及极限平衡计算表明，I_1、I_2 滑坡为表层塑流滑坡，现处于活动阶段，但位高层薄不会引起太大的灾害，仅对下面滑坡有一个量的积累。II_1 滑坡是一正在活动的滑坡。II_2 滑坡整体处于暂时稳定状态，但因它前方有多个正在活动的小滑坡，不排除进一步复活的可能。由于 II_2 滑坡的产生，原本稳定的中间垅脊，也可能因 II_2 滑坡的继续发展而再次失稳。

特别是对秦峪滑坡 C_1 区高速公路开挖的数值模拟、数值计算及极限平衡计算均表明，高速公路从滑坡体通过将促使滑坡的复活。

由此可见，拟建兰海高速公路不宜从滑坡体上通过，而应考虑选择其他方案。

8.3.2　右岸隧道绕避方案

右岸隧道绕避方案是从秦峪沟右岸进洞，大角度穿越区域性断裂带，从仇家山正下方通过，化马桥出洞，以绕避秦峪滑坡群和化马桥至大峪下滑坡之间严重的坡面泥石流和残坡积物堆积体。

8.3.2.1 工程地质条件

由图2-2和图3-1可知，本区地质条件极为复杂，葱地-秦峪-铁家山断裂带上游侧为三叠系官亭群下部（T^a）的薄层灰岩、砂质板岩，葱地-秦峪-铁家山断裂带下游侧为二叠统下部碳酸岩段（P_1^b）的厚层灰岩，构造透镜体内夹着中泥盆统古道岭组（D_2^2g）泥岩、板岩及二叠统下部碎屑岩段（P_1^a）的泥岩、板岩，其中二叠统下部碳酸岩段（P_1^b）的厚层灰岩为隧道的主要岩体。

8.3.2.2 主要工程地质问题

a 进口段

隧道进口段位于秦峪沟右侧，葱地-秦峪-铁家山断裂带的下盘，北东侧，为三叠系官亭群下部（T^a）的薄层灰岩组成的陡立山坡，覆盖层较薄，该岩组在此处倾向山内，倾角较陡，揉曲褶皱发育，在进口右侧发育一冲沟至郭家山。

本段山坡的岩层产状利于洞脸边坡的稳定，但由于岩性所致需一定工程措施，以确保边坡的稳定，以免引起连锁反应。同时，在隧洞进口的地形选择上一定遵循“先进”的原则，一方面可以避免大的开挖量，另一方面可以确保洞脸边坡的稳定。

b 构造透镜体段

隧道穿越三叠系薄层灰岩后，即进入构造透镜体段，本段为该隧道围岩最差的地段，同时也是工程地质问题最为复杂的地段。但由于隧道走向与该构造透镜体走向大角度相交从工程展布上有利于工程实施，必须注意葱地-秦峪-铁家山断裂带规模、性质、产状和断层岩性，以及由此产生的工程地质问题，如涌水、瓦斯、塌方等。

不过，基于本段长度相对较短、工程展布优势及现代施工技术水平，在经过充分的前期工作之后，完全能够顺利穿越该构造透镜体。

c 灰岩段

隧道的构造透镜体，即进入灰岩段，本段为该隧道围岩最好的地段，岩体完整，成洞条件及稳定性可以保证，工程地质问题较少，由于埋深较深，加上葱地-秦峪-铁家山断裂带的影响，必须注意岩爆问题。

d　出口段

与进口段相比，出口段工程地质条件较好，为灰岩组成的陡立灰岩，不过，存在崩塌等地质现象，需采取锚固等措施以确保岩体的完整与稳定。同时，在隧洞进口的地形选择上一定遵循“后出”的原则，避免出现厚的坡堆积及洞脸边坡的失稳。

综上所述，从工程地质条件上看，右岸隧道方案是可行的，但应注意葱地-秦峪-铁家山断裂带及其间构造透镜体所引起的一系列工程地质问题。不过，在高度重视和科学研究的基础上，成洞条件和隧洞稳定性是可以得到保证的。

8.3.3　其他方案

8.3.3.1　河床高架桥方案

河床高架桥方案是采用高架桥从滑坡前缘岷江河床通过方式，其前提也是保证3个滑坡的稳定，同时也要求河道有足够的地形条件。在此方案中除秦峪滑坡上游段、岷江河道较为宽阔外，其余段河道均较窄；特别在庙下村和王院村以下河段，为深切峡谷，河道狭窄，大峪下滑坡段所在的右岸为高大滑坡前缘陡壁，左岸为灰岩陡壁。地形条件、滑坡治理及工程造价等多方面因素决定了此方案不可取。

8.3.3.2　左岸通过方案

岷江左岸上段为三叠系薄层状灰岩组成的陡立斜坡，且为反向坡，岩体十分破碎，表层风化强烈，崩塌严重，河床及山坡低缓处残坡物较厚。中段为泥石流堆积段，大城沟沟口一段，有厚达20m以上的泥石流堆积，受岷江和大城沟的冲刷切割，呈现高大陡壁；此外，沿线及对岸发育数条现代泥石流沟。中下段为居民聚集地（庙下村和王院村）和农田，下段为灰岩陡壁。这些因素决定了在左岸，无论采取高线方案，还是低线方案，均不能满足高速公路的布线要求。

8.3.3.3　左岸桥隧方案

左岸桥隧方案从广平沟进口，穿越三叠系薄层灰岩，跨大城沟和大峪沟及其间的二叠系、泥盆系的软弱岩层和区域性断裂带，然后进入厚层灰岩陡壁，从化马出口，以达到绕避滑坡群的目的。

由于3条支沟的存在，根据总体线路要求，可采用桥隧方案或长隧道方案。

桥隧方案可减小区域性断裂影响（断裂带处设计为高架桥），缩短线路，但因距岸坡较近，同时上段三叠系薄层状灰岩段表层破碎且隧道轴线与岩层走向一致，故可能存在偏压问题和成洞条件较差的问题。

长隧道方案将线路向山坡后移而全位于地下，可减弱隧道偏压带来的工程问题。但该方案线路稍长，上段也需穿越三叠系薄层状灰岩，根据本段区域地质构造条件（两构造单元分界）以及岷江上游各段该套地层的特征推测，该层深部岩体的性状不太理想，需进一步查明；长隧道方案还需穿越大城沟和大峪沟之间的区域性断裂带，断裂带的性质、规模、产状、断层岩性状等均有待通过详细工作来查明。

以上两方案总体上差别不大，可绕避秦峪滑坡群且不受左岸支沟泥石流的影响。但因隧道需穿越性状较差的三叠系薄层状灰岩，隧道进洞边坡的稳定性值得注意；中部需穿越断裂带，断裂带性状对成洞稳定性至关重要；隧道洞身岩性变换频繁，也对施工有一定的影响。

8.3.4 方案优化及建议

基于上述方案的工程地质评述及评价，通过对各种方案的对比分析，同时结合甘肃省交通规划勘察设计院《临洮至罐子沟高速公路预可行研究报告》，从工程地质角度上看，右岸隧道方案无疑是秦峪滑坡群段最优方案，此方案优点主要有以下几个方面：

（1）虽然右岸隧道绕避方案与左岸隧道方案穿越的地层相同且均需通过区域性断裂带，但穿越三叠系薄层灰岩段较短，而且左岸隧道总体沿薄层灰岩走向布置，而右岸隧道则近于与走向正交，因此进口边坡稳定性可以保证，而且洞身稳定性较好。

（2）对于断裂带，区域地质资料表明，3条断裂带总厚度约150m左右（不包括断层影响带），由于断层地面出露较高，隧道埋藏较深，预计隧道通过段的断层岩性质可能略优于左岸通过段。

（3）通过断层带以后的灰岩段，总体性质较好，在地貌上为高山，岩体完整，成洞条件及稳定性可以保证。

（4）右岸隧道方案除了可以绕避秦峪滑坡群以外，还绕避了大城沟、大峪沟两条大型泥石沟及庙下至化马桥间的大量高边坡。

不过，右岸隧道方案也必须注意以下几点：

（1）必须详细调查断裂带的规模、性质、产状和断层岩性质。

（2）必须详细研究隧道地下水问题，即渗流场特征问题，特别是断层带及其间的透镜地质体内的地下水对洞室稳定性的影响。

（3）必须注意厚层状灰岩所在深埋段的高地应力问题。

（4）须注意滑面位置与隧道线路的距离问题，尤其是秦峪滑坡。

9　滑坡演化地质过程分析的总结和展望

在深入认识秦峪滑坡群发育和分布特征的基础上，以秦峪滑坡的演化过程研究为重点，对秦峪滑坡的演化过程进行了定性的地质过程分析，在此基础上对秦峪滑坡 C_1 区进行了地质过程的数值模拟，从整体上、宏观上对秦峪滑坡的演化有一个认识，并对演化趋势进行了分析。

此外，基于秦峪滑坡群段的地质条件及其演化过程的研究，从地质角度出发，为拟建的高速公路选线提出了建议。

9.1　秦峪滑坡地质过程分析总结

通过对秦峪滑坡演化的地质过程分析并根据分析结果对高速公路选线提出了选线建议，进而总结出以下几点结论：

（1）研究区位于青藏高原东北缘的南北构造带和东西构造带交汇部位，秦岭微地块的西秦岭造山带碌曲-成县推覆体和迭部-武都推覆体交汇部位；在多次、多块体相互作用下，尤其海西-印支期俯冲碰撞主造山和印支期后广泛的后造山伸展塌陷、燕山期陆内造山和晚燕山期广泛伸展作用、新生代喜马拉雅期复活造山和青藏高原隆升及高原地壳向东走滑挤出，致使本区的应力场、应变场异常复杂，构造活动和地震活动强烈；这种大的构造背景决定了研究区滑坡发育。

（2）特殊的地理、地质环境，地壳内、外动力的强烈交织与转化，是导致研究区滑坡发育的大环境背景。山大沟深的地形地貌、葱地-秦峪-铁家山断裂带和中泥盆统古道岭组（D_2^2g）、下二叠统下部碎屑岩段（P_1^a）、三叠系官亭群下部（T^a）反坡向地层的发育是研究区滑坡发育的内在原因。岷江下切、降雨、植被破坏、地震活动及人类工程活动是研究区滑坡发育的外在影响因素。

（3）滑坡作为斜坡破坏的一种形式和结果，是在内外应力及人类活动因素的综合作用下，在早期侵蚀夷平面的基础上发展形成的。滑坡是一个系统，其演化是一个过程，与所有自然现象一样，具有形成、演化、发展和消亡的过程。只有用地质的观点、历史的观点来对现有现象及赋存条件的研究，才可从全过程及内部作用机理上掌握变形破坏的演变规律，才可对滑坡稳定性现状及今后的发展趋势作出科学合理的评价和预测。

（4）滑坡的演化受控于其依存的地层岩性、地质构造、沟谷（河谷）的演变及气候环境。秦峪滑坡作为一个滑动次数多、经历时间长（从上更新世晚期至今）、彼此叠置交错的成因复杂的滑坡组合体，是在特有的地质背景下形成的。

秦峪滑坡 A 区岩性为反倾厚层状灰岩，为其产生弯曲拉裂提供了条件；B 区为反倾薄层软弱易风化岩层，为产生蠕滑拉裂提供了条件；C 区滑床岩性同 B 区，不同的是其上堆积了厚层的滑坡堆积，这种岩性决定了在强风化带或古滑坡的滑带极易形成连通的滑面，为发育大型堆积土滑坡提供了可能。

秦峪滑坡区位于葱地-秦峪-铁家山逆冲断层带内，且断裂带下盘为复理褶皱带，前期的多次地质构造运动导致本区岩石破碎，这为产生大型堆积土滑坡提供了物质条件。但是岩石的破碎仅仅提供了产生滑坡的必要条件，如果没有滑坡发育的空间存在，破碎的岩土体仍然为一稳定的岩土体，此时河谷及沟谷的发育程度及展布直接关系到滑坡的发育，而河谷及沟谷发育一方面与新构造运动有关，另一方面还与其发育期间的气候环境直接相关。青藏高原的隆升，岷江逐渐形成并不断发展，为斜坡岩体的变形和破坏塑造了地形条件，同时，也在物质上、构造上和地形地貌上为本区多期大型滑坡的产生提供了保证。

（5）秦峪滑坡经过 A 区形成、B 区形成、古滑坡复活（C 区形成）及滑坡解体 4 个阶段的发展演化，形成了秦峪滑坡群现有的基本地形地貌。一个以 C 区为主体的大型的堆积土滑坡，岷江持续下切，必将导致秦峪滑坡的势能增加，再次应力调整是不可避免的，滑坡的复活从斜坡演化角度来讲也是不可避免的。

演化过程分析表明秦峪滑坡 C_1 区总体不稳定，并可能发生大规模整体复活；C_3 区如今也因强烈冲刷产生坍塌，若不整治，可能因逐渐崩塌而发生活动；C_2 区前缘上型滑坡和坍塌体的持续活动，将影响其后部的各级滑坡，导致滑坡的局部复活甚至整体滑动。

基于现状，$Ⅱ_1$ 滑坡受1号冲沟、岷江控制，易形成滑面，加之其前部的次级滑坡牵引，已具备滑动条件，只要有诱发因素，即可再次产生大规模滑坡。$Ⅱ_2$ 滑坡尽管在物质结构上具备条件，但滑面不连通及势能储备不足，在滑体内次级滑坡多次分解，一方面释放了势能，另一方面对滑坡进行了自然的加固（压脚削荷），使 $Ⅱ_2$ 滑坡目前暂时处于稳定状态。

（6）通过对秦峪滑坡 C_1 区 FLAC 3D 的数值模拟结果，滑坡前沿 $Ⅲ_2$ 滑坡活动强烈，并不停地通过崩塌和小规模的滑坡进行调整，正处于滑动期。由于应力应变的调整逐渐向中间滑带集中，随着中间滑带强度的减弱，$Ⅱ_1$ 滑坡复活是不可避免的，且规模较大，直接影响到 G212 线的运营及官厅镇群众人身与财产安全。

（7）秦峪滑坡稳定性的工程地质分析及极限平衡分析表明，$Ⅰ_1$、$Ⅰ_2$ 滑坡为表层塑流滑坡，现处于活动阶段，但位高层薄不会引起太大的灾害，仅对下面滑坡有一个量的积累。$Ⅱ_1$ 滑坡是一正在活动的滑坡。$Ⅱ_2$ 滑坡整体处于暂时稳定状态，但因其前有多个正在活动的小滑坡，不排除进一步复活的可能。由于 $Ⅱ_2$ 滑坡的产生，原本稳定的中间垅脊，也可能因 $Ⅱ_2$ 滑坡的继续发展而再次失稳。

高速公路开挖后数值计算及极限平衡的计算结果表明，高速公路开挖一方面减缓了 $Ⅲ_2$ 滑坡的活动强度，但对 $Ⅱ_1$ 滑坡复活得到加强，由于 $Ⅱ_1$ 滑坡是一个深层滑坡，其治理是极其昂贵的。再者，这仅是秦峪滑坡中的一个相对较小的次级滑坡，放眼到整个滑坡及整个滑坡群，稳定性是不容乐观的。

（8）通过对各种方案的对比分析，从工程地质角度上看，右岸隧道方案是秦峪滑坡群段的最优方案。

9.2 滑坡演化地质过程分析的展望

滑坡是一个系统，其演化是一个过程，因此滑坡的演化是系统演化，应从系统全过程动态演化着手，研究内容既包括斜坡的形成变形和破坏，也包括滑坡的发育、滑动和后期运动，这是一个庞大的、复杂的系统工程，单对滑坡结构形态信息的采集和整理是极其困难，而这些工作恰恰是整个工作的基础，决定着后续研究的可靠性和合理性。

本书虽然通过大比例尺地形测绘、坑（槽）探、滑坡两侧和内部冲沟、滑坡微地貌特征等，对滑坡开展了较详细的工程地质勘查，基本查明了滑坡表部和浅部特征以及边界范围，但因勘探深度有限，对滑坡厚度、滑面形态以及深部特征，仅依据冲沟揭露及平台、裂缝等微地貌特征推测而得，虽然部分断面采用了面波和浅层地震波测试，但缺乏钻孔的验证，有待进一步的研究讨论。

建议在后续研究中，应开展详细工程地质研究工作，增加滑坡钻探工作和物探工作，以准确量定滑体厚度、滑面形态特征、滑坡物质和结构特征、地下水分布和渗流特征等，采集各层滑面的滑带土试样并通过试验确定滑带土物理力学参数，由于滑坡演化是一个历史过程，加强滑坡的动态监测是极为重要的。

鉴于本书依托的交通部西部交通建设科技项目，而该项目是以滑坡研究为重点，建议在后续工作中要加强隧洞方面的工作。

参 考 文 献

[1] 张倬元，王士天，王兰生．工程地质分析原理[M]．北京：地质出版社，2002.

[2] 黄润秋，邓荣贵，等．高边坡物质运动全过程模拟[M]．成都：成都科技大学出版社，1993.

[3] 黄润秋，张倬元，王士天．高边坡稳定性的系统工程地质研究[M]．成都：成都科技大学出版社，1991.

[4] 秦四清，张倬元，王士天，等．非线性工程地质学导引[M]．成都：西南交通大学出版社，1993.

[5] 黄润秋，许强．工程地质广义系统科学理论及其工程应用[M]．北京：地质出版社，1997.

[6] Yan M，Wang S T，Huang R Q. Deformation Mechanism of MabuKan High Slope，China. In Proc. of 7th Inter. Congr. of IAEG. Rotterdam：A. A. Balkema，1994：4389.

[7] Huang R Q. Studies of the Geological Model and Formation Mechanism of XiKou Landslide. In Proc. of 7th Inter. Symp. On Landslide. Rotterdam：A. A. Balkema，1996：853.

[8] Huang R Q. Full-courses Numerical Simulation of Hazardous Landslides and Falls. In Proc. of 7th Inter. Symp. On Landslide. Rotterdam：A. A. Balkema，1996：371.

[9] 王思敬．金川露天矿边坡变形机制及过程[J]．岩土工程学报，1982，14(3).

[10] 王兰生，张倬元．斜坡岩体变形破坏的基本地质力学模式[J]．水文工程地质论丛，1983.

[11] 孙玉科，等．边坡岩体稳定性分析[M]．北京：科学出版社，1988.

[12] 孙广忠，著．岩体结构力学[M]．北京：科学出版社，1988.

[13] 周维垣，孙钧．高等岩石力学[M]．北京：水利电力出版社，1990.

[14] 殷跃平，张颖，康宏达．链子崖危岩体稳定性分析及锚固工程优化设计[J]．岩土工程学报，2000，22（5）：599～603.

[15] 苗国航．我国预应力岩土锚固技术的现状与发展[J]．地质与勘探，2003，39(3)：91～94.

[16] 魏宏森，宋永华．开创复杂性研究的新学科——系统科学纵览[M]．成都：四川教育出版社，1991.

[17] 崔政权．系统工程地质学导论[M]．北京：水利电力出版社，1992.

[18] 中华人民共和国交通部．公路路线设计规范（JTJ 011—94）[S]．北京：人民交通出版社，1994.

[19] 霍明，主编．山区高速公路勘察设计指南[M]．北京：人民交通出版社，2003.

[20] 中华人民共和国交通部．国家高速公路网规划．国务院新闻办公室新闻发布，2005. 1.

[21] 中华人民共和国交通部．公路水路交通“十五”发展计划．内部资料，2001.

[22] 甘肃省交通规划勘察设计院. 甘肃省"四纵四横四个重要路段"公路网主骨架布局规划. 内部资料, 2005.

[23] 甘肃省交通规划勘察设计院. 临洮至罐子沟高速公路预可行研究报告. 内部资料, 2005.

[24] 甘肃省地质矿产局. 甘肃省地质志[M]. 北京: 地质出版社, 1991.

[25] 张国伟, 张本仁, 袁学诚, 等. 秦岭造山带与大陆动力学[M]. 北京: 科学出版社, 2001.

[26] 地质矿产部成都水文工程地质中心编. 中国泥石流灾害图[M]. 北京: 中国地图出版社, 1992.

[27] 甘肃省交通厅, 甘肃省交通厅统计 (1996). 内部资料.

[28] 彭斌, 编. 地球系统科学导论[M]. 北京: 科学出版社, 2004.

[29] 毕思文, 编. 地球系统科学[M]. 北京: 科学出版社, 2003.

[30] 中国地质调查局, 编. 中华人民共和国地质图 1∶2500000 说明书[M]. 北京: 中国地图出版社, 2004: 246.

[31] 李清河, 郭守年, 吕德徽. 鄂尔多斯西缘与西南缘深部结构与构造[M]. 北京: 地震出版社, 1999: 257.

[32] 李玉龙, 侯珍清, 等主编. 中国西北陕甘宁青地震区划[M]. 兰州: 甘肃人民出版社, 1986: 144.

[33] 陕西省地质局区域地质队, 编. 中华人民共和国地质图(1/20 万)及其说明书(1978). 内部资料.

[34] 周国藩, 罗孝宽, 管志宁, 等. 秦巴地区地球物理场特征与地壳构造格架关系的研究[M]. 武汉: 中国地质大学出版社, 1992: 87.

[35] 周民都, 吕太乙, 张元生, 等. 青藏高原东北缘地震构造背景及地壳结构研究[J]. 地震学报, 2000, 22(6): 645 ~ 653.

[36] 车自成, 刘良, 罗金海, 编著. 中国及其邻区区域大地构造学[M]. 北京: 科学出版社, 2002: 519.

[37] 吴珍汉, 吴中海, 江万, 等. 中国大陆及邻区新生代构造-地貌演化过程与机理[M]. 北京: 地质出版社, 2001: 519.

[38] 张四新, 江在森, 王双绪. 南北地震带及青藏块体东部垂直形变与地震活动研究[J]. 西北地震学报, 2003, 25(2): 143 ~ 148.

[39] 袁道阳, 杨明. 西秦岭北缘断裂带的位移累计滑动亏损特征及其破裂分段性研究[J]. 地震研究, 1999, 22(4): 382 ~ 389.

[40] 许忠淮, 汪素云, 高阿甲. 地震活动反映的青藏高原东北地区现代构造运动特征[J]. 地震学报, 2000, 22(5): 472 ~ 481.

[41] 毛桐恩, 刘占坡, 徐常芳, 等. 中国南北地震带岩石层壳-幔组合结构特征及其构造效应[J]. 地震学报, 1998, 20(2): 158 ~ 164.

[42] 李祥根. 中国新构造运动概论[M]. 北京: 地震出版社, 2003: 424.

43] 周民都，赵和云，马钦忠．青藏高原东北缘及其邻区的地壳结构与地震关系初探[J]．西北地震学报，1997，19(1)：58~63.

[44] 孔昭宸，刘兰锁，杜乃秋．从昆仑山-唐古拉山晚第二纪、第四纪的孢粉组合讨论青藏高原的隆起[M].//中国科学院青藏高原综合考察队编．青藏高原隆起的时代、幅度和形式问题．北京：科学出版社，1981：78~89.

[45] 李吉均，文世宣，张青松．青藏高原隆起的时代、幅度和形式探讨[J]．中国科学(B辑)26(4)：316~322.

[46] 徐仁．大陆漂移与喜马拉雅山上升的古植物学证据[M].//中国科学院青藏高原综合考察队编．青藏高原隆起的时代、幅度和形式问题．北京：科学出版社．1981：8~18.

[47] 黄润秋，许强，陶连金，等．地质灾害过程模拟和过程控制研究[M]．北京：科学出版社，2005.

[48] 康来迅．甘肃省强震活动的基本特征及会宁-武都强震密集带的形成机理[J]．地震，1994，2：45~53.

[49] 甘肃省公路局，兰州大学．国道212公路（兰州-重庆）陇南段修建技术研究——滑坡运动机理及设计参数研究(2005)．内部资料．

[50] 王延涛，谌文武，刘高．瞬态瑞利波法在秦峪滑坡勘查中的应用[J]．兰州大学学报(自然科学版);2007(2).

[51] 王延涛，刘高，康胜，等．秦峪滑坡的时空格局研究[J]．地球与环境，2005，33(suppl.)：380~384.

[52] 徐卫亚．边坡及滑坡环境岩石力学与工程研究[M]．北京：中国环境科学出版社，2000.

[53] 孙玉科，牟会宠，姚宝魁．边坡岩体稳定性分析[M]．北京：科学出版社，1988.

[54] 钱家欢，殷宗泽．土工原理与计算（第2版）[M]．北京：中国水利水电出版社，2000.

[55] 李广信．高等土力学[M]．北京．清华大学出版社，2004.

[56] D. G 费雷德隆德，H. 拉哈尔佐合．非饱和土力学[M]．陈仲颐，张在明，等译．北京：中国建筑工业出版社，2002.

[57] 黄文熙．土的工程性质[M]．北京：水利水电出版社，1993.

[58] 龚晓南．高等土力学[M]．杭州：浙江大学出版社，1993.

[59] 郝文化，主编．Ansys土木工程应用实例[M]．北京：中国水利水电出版社，2005.

[60] 邹成杰，庞声宽，方平德．典型层状岩体高边坡稳定分析与工程治理[M]．北京：中国水利水电出版社，1995.

[61] 谢康和，周健．岩土工程有限元分析理论与应用[M]．北京：科学出版社，2002.

[62] Itasca Consulting Group, Inc. FLAC 3D (Fast Lagrangian Analysis of Continua in 3 Dimensions) User Manuals, Version2. 1, Minneapolis, Minnesota, 2002. 6.

[63] 刘波，韩彦辉．FLAC原理、实例与应用指南[M]．北京：人民交通出版社，2005.

[64] 铁道第一勘察设计院，编. 铁路工程地质实例（西北及相邻地区分册）[M]. 北京：中国铁道出版社，2002：32~150.
[65] 谢和平，陈忠辉. 岩石力学[M]. 北京：科学出版社，2004.
[66] 高大钊，主编. 岩土工程的回顾与前瞻[M]. 北京：人民交通出版社，2001.
[67] 张咸恭，王思敬，张倬元，等. 中国工程地质学[M]. 北京：科学出版社，2000.
[68] K. Terzaghi. Mechansim of Landslides[J]. In：S-Paige (ed.). Application of Geology to Engineering Practice. Geological Society of America, Berkey, 1950：12~83.